AF360802

CULTURE DU TABAC.

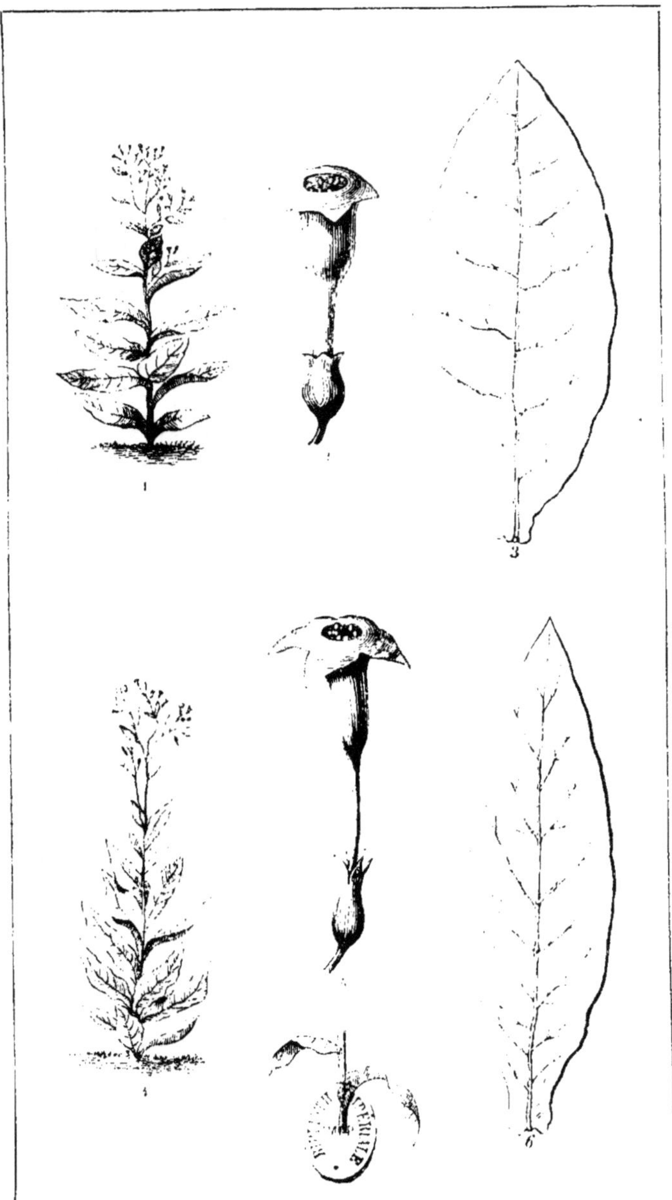

TRAITÉ

DE LA

CULTURE DU TABAC

traduit, en grande partie, d'un ouvrage allemand

DU BARON A. DE BABO,

SUPÉRIEUR DE L'ÉCOLE D'AGRICULTURE DE CARLSRUHE,

DE F. HOFFACHER ET DE SCHWAB;

ET AUGMENTÉ DE DOCUMENTS INÉDITS,

PAR V. A. DAUPHINÉ.

PARIS,

IMPRIMERIE ET LIBRAIRIE D'AGRICULTURE ET D'HORTICULTURE
DE Mᵐᵉ Vᵉ BOUCHARD-HUZARD,
RUE DE L'ÉPERON, 5.

1861

INTRODUCTION.

La situation prospère de l'agriculture dans le Palatinat est due, indépendamment de la fertilité du sol et de l'activité des habitants, à l'impulsion donnée aux comices agricoles par quelques hommes éminents, et à l'influence de ces sociétés sur la contrée où elles sont établies. C'est là la clef de cette prospérité toujours croissante dans toutes les branches de l'exploitation agricole. M. de Babo, agronome très-distingué, et dont les nombreux écrits sur l'économie rurale jouissent d'une grande réputation en Allemagne, mérite d'être placé au nombre des hommes qui ont le plus contribué aux progrès de cette science utile et modeste. Sa position comme président de l'École d'agriculture de Carlsruhe et du comice agricole de Weinheim le mettait à même de vérifier sans cesse les théories par des applications pratiques sans lesquelles elles ne sont, très-souvent, que de stériles spéculations. Le traité de M. de Babo sur la culture du tabac est l'un des plus complets sur cette matière; cette culture étant la plus importante du Palatinat, l'auteur s'est associé des collaborateurs dont le concours est une garantie du soin qui a été apporté à ce travail.

L'est de la France et le Palatinat offrant la plus grande analogie sous le rapport du climat et de la composition du sol, l'agriculture française, en profitant des procédés qui ont valu aux tabacs du Palatinat leur grande réputation, pourra prétendre en peu de temps au même succès.

Tel est, du moins, le vœu du traducteur et le but de son travail.

Juin 1861

TRAITÉ

DE

LA CULTURE DU TABAC.

PREMIÈRE PARTIE.
PROPRIÉTÉS DU TABAC.

CHAPITRE PREMIER.

CLASSIFICATION ET DESCRIPTION DES DIFFÉRENTES ESPÈCES DE TABAC, ET PARTICULIÈREMENT DES VARIÉTÉS CULTIVÉES DANS LE PALATINAT.

Le tabac, d'après le système de Jussieu, appartient à la famille des solanées, *nicotiana*, L., et se divise en trois genres :

N. macrophylla (à grandes feuilles) ;
N. tabacum ;
N. rustica.

Chaque genre compte un grand nombre de variétés qui augmentent annuellement, aucune plante ne fournissant aussi facilement des dégénérescences que deux des genres indiqués ci-dessus : notre description ne portera donc que sur les caractères généraux des variétés actuellement cultivées ; en indiquer les caractères secondaires ne serait d'aucune utilité, attendu qu'ils ne restent jamais les mêmes.

1

PREMIÈRE DIVISION.

FLEURS ROUGES OU ROUGEATRES.

---

1. *Nicotiana macrophylla*, Spr. (maryland). (*Nic. latissima*, Mill.)

(Pl. I , fig. 1, 2, 3.)

Tige se ramifiant à la partie supérieure; feuilles très-écartées de la tige, formant, avec elle, un angle droit; cordiformes, larges ou étroites, ovoïdes, obtuses ; *nervures secondaires, insérées presque à angle droit sur la nervure médiane*, peu boursouflées; parenchyme mince ou épais; feuilles ordinairement dressées; fleurs rassemblées et disposées en panicule; calice monosépale persistant à cinq lobes, corolle régulière infundibuliforme.

Les tabacs de Maryland ne sont cultivés avec succès que dans les contrées méridionales, en Hongrie et en Grèce; ils tirent leur nom de celui d'une province des États-Unis.

En Allemagne, la culture du maryland n'est pratiquée que sur des points isolés, comme, par exemple, en Palatinat le duttentabac et là même, seulement sur une petite échelle; tous les essais pour introduire d'autres espèces du Maryland ont été infructueux, le climat ne leur étant pas favorable.

PREMIÈRE ESPÈCE : MARYLAND A FEUILLES SESSILES.

Feuilles sessiles, auriculées à la base.

a) **MARYLAND A FEUILLES OBLONGUES.**

(Pl. II, fig. 10, 11, 12.)

(Schaufeltabac en Alsace, tabac de Strasbourg, et duttentabac dans le Palatinat.)

Feuilles lancéolées, longueur égalant 2.5, jusqu'à trois

fois la largeur. Côtes minces, nervures secondaires très-écartées les unes des autres; parenchyme mince, pas de boursouflures.

On distingue, d'après le port des feuilles, deux variétés de duttentabac, *à feuilles dressées et à feuilles inclinées.* Dans cette dernière espèce, la plus grande largeur de la feuille se trouve au-dessous de son milieu (pl. II, fig. 11-12).

C'est la seule espèce de maryland qui ait pris quelque extension en Allemagne. Les feuilles importées du Maryland, du Brésil, de Porto-Rico, de Varinas et de la Havane se rapprochent le plus de cette forme.

b) MARYLAND A LARGES FEUILLES.

(Pl. III, fig. 13, 14)

(Tabac d'Amersfort, autrefois cultivé dans les environs de Heidelberg.)

Tige très-élevée, feuilles très-écartées les unes des autres, dressées, grandes; leur longueur égalant deux fois la largeur; surface unie, feuilles épaisses, onctueuses au toucher; fleurs grandes, un peu rougeâtres, à lobes très-courts.

Cette espèce, cultivée en Hollande, à Magdebourg et à Nuremberg, ne l'est cependant pas généralement.

Les essais tentés pour l'introduire dans le Palatinat ont été infructueux.

c) MARYLAND A COURTES FEUILLES.

(Pl. III, fig. 15.)

(Tabac hongrois et grec, cultivé dans les environs de Heidelberg.)

Tige très-élevée; feuilles très-espacées sur la tige, ovoïdes, se rapprochant de la forme lancéolée, 1 1/2 plus longues que larges; côtes minces, nervures secondaires, à angle droit sur la nervure médiane; parenchyme assez épais, peu boursouflé.

Tiré de la Havane et d'autres contrées de l'Amérique, ce tabac fut introduit en Grèce, d'où sa culture passa en Allemagne. On a essayé d'en répandre la culture dans le Palatinat, mais il parait qu'à ce tabac, comme à la plupart des variétés du Maryland, le climat fut contraire ; la rouille qui l'attaquait très-fréquemment en est une preuve certaine.

d) MARYLAND A GRANDES FEUILLES (OHIO).
(Pl. III, fig. 16 ; pl. IV, fig. 17.)

Cette variété ne se distingue de la précédente que par ses feuilles plus grandes et plus arrondies ; souvent elles sont aussi longues que larges ; elles présentent peu de boursouflures.

La culture de ce tabac n'a pas fait de grands progrès dans le Palatinat, quoiqu'il promette, d'après les différents essais qu'on en a faits, de mieux supporter le climat que les précédents.

SECONDE ESPÈCE : MARYLAND A FEUILLES PÉTIOLÉES.

Feuilles cordiformes à pétioles, ailées et auriculées.

e) MARYLAND A PÉTIOLE AILÉ.
(Pl. IV, fig. 18.)

Cette variété forme la transition de la première espèce de maryland à la seconde. Le pétiole est entouré de parenchyme, surtout à sa partie inférieure. Les feuilles sont ovoïdes, et toujours plus petites que celles des espèces que nous venons de décrire.

f) MARYLAND PÉTIOLÉ.
(Pl. IV, fig. 19.)

(Nicotiana chinensis. — Tabac de Podolie. — Tabac turc. — Tabac chinois.)

Tiges minces et élevées ; feuilles très-écartées les unes

des autres, petites, ovoïdes ; pétioles courts et ailés ; nervures secondaires à angle droit sur la nervure médiane ; parenchyme épais, sans boursouflures.

La Société d'agriculture de Heidelberg tira des graines de la Podolie et de la Valachie, et en tenta, mais sans succès, la naturalisation en Allemagne.

2. *Nicotiana tabacum.* — Tabac de Virginie.

(Pl. I, fig. 4, 5, 6.)

(Tabac commun en Allemagne.)

Tige se ramifiant à la partie supérieure. Feuilles trèsrapprochées sur la tige, implantées à angle aigu, commençant à se replier à partir du milieu ou restant dressées : lancéolées, la plus grande largeur de la feuille se trouvant au-dessus ou au-dessous de son milieu ; souvent boursouflées, ordinairement plus étroites que *N. macrophylla. Nervures secondaires formant un angle aigu avec la nervure médiane ;* parenchyme épais ; fleurs disposées en panicules très - écartées ; corolle (infundibuliforme) cylindrique, renflée à sa partie supérieure en forme de cloche ; lobes allongés, rejetés en arrière et terminés en pointes.

Ce tabac, comme son nom l'indique, est originaire de la Virginie ; c'est le plus répandu en Allemagne ; il paraît exiger un climat moins chaud que les différentes variétés de *N. macrophylla.*

Les tabacs de la Hollande, du Palatinat, d'Alsace, de Norwége, de la Poméranie, d'Erfurt et de Nuremberg proviennent de cette espèce qui fournit un grand nombre de variétés présentant des différences non-seulement dans le port et la forme des feuilles, mais encore dans l'épaisseur et la couleur de la nervure principale.

PREMIÈRE ESPÈCE : TABAC DE VIRGINIE A FEUILLES

SESSILES.

Feuilles dressées plus ou moins auriculées à la base.

g) VIRGINIE A FEUILLES ÉTROITES.

(Pl. V, fig. 20.)

(Hirschzungentabac, haengetabac dans le Palatinat.)

Feuilles rapprochées sur la tige, se pliant vers le bas
à partir de leur milieu, touchant fréquemment au sol,
très-étroites, lancéolées, six fois plus longues que larges;
nervures secondaires, se détachant de la nervure médiane,
sous un angle moins aigu; parenchyme épais, sans boursouflures.

La culture de ce tabac était autrefois générale en Alsace
et dans le Palatinat: on l'a abandonnée depuis une dizaine
d'années.

h) VIRGINIE ORDINAIRE.

(Pl. 5, fig. 21.)

Feuilles rapprochées sur la tige, pendantes, moins
étroites que celles de la variété précédente; quatre à cinq
fois plus longues que larges; parenchyme épais; pas de
boursouflures ou très-peu.

Cette espèce paraît nous être parvenue directement de la
Virginie; les feuilles qu'on a fait venir de ce pays présentent avec elle la plus grande analogie.

Dans le Palatinat, on n'en trouve plus que très-peu;
quoique sa culture fût générale il y a quelques années, des
espèces nouvelles et meilleures en ont fait négliger la
culture.

i) VIRGINIE A FEUILLES LANCÉOLÉES.

(Pl. V, fig. 22.)

(Tabac à côtes blanches dans le Palatinat.)

Cette variété a la plus grande ressemblance avec la précédente et paraît en provenir. La forme des feuilles ne trahit
aucune différence, mais la variété dont nous parlons n'a

pas les feuilles pendantes : elles s'élèvent en formant un angle aigu avec la tige, et se distinguent par les côtes, qui sont blanches.

La culture de cette espèce diminue sensiblement dans le Palatinat, quoiqu'elle soit très-propre à réussir dans les terrains sablonneux.

k) VIRGINIE A FEUILLES ROIDES.
(Pl. V, fig. 23, 24, 25.)
(Vinzer dans le Palatinat.)

Feuilles rapprochées sur la tige, roides, se dressant sous un angle aigu, lancéolées, variant tant soit peu dans leur forme, trois fois plus longues que larges ; nervures secondaires se dirigeant sur la nervure médiane, sous un angle moins aigu ; parenchyme très-épais, sans boursouflures.

Dans les champs, on reconnaît de loin cette variété à ses feuilles roides et pointues.

Cette espèce, importée directement d'Amérique dans le Palatinat, y jouissait, autrefois, d'une grande vogue.

l) VIRGINIE A FEUILLES LARGES ET LANCÉOLÉES.
(Pl. V, fig. 26.
(Goundie.)

Feuilles écartées les unes des autres sur la tige, se pliant obliquement à partir de leur milieu, larges, lancéolées, longueur égalant deux fois un quart la largeur ; nervure médiane épaisse ; nervures secondaires formant un angle peu aigu, peu boursouflées ; parenchyme très-mince. Forme des fleurs, intermédiaire entre *N. macrophylla* et *N. tabacum*.

Cette espèce était cultivée depuis plusieurs années dans l'établissement agricole de Heidelberg, lorsqu'en 1848 un planteur du Palatinat reçut d'un de ses parents, M. Goundie, consul en Amérique, différentes sortes de graines, et reconnut celle-ci pour la meilleure. Dans un conseil formé par les principaux fabricants et les principaux planteurs du pays, sous les auspices de la Société agricole, cette espèce fut déclarée très-avantageuse, et on lui donna le nom du consul qui en avait envoyé la graine.

Cette variété se propagea rapidement, et eut une telle vogue, qu'en 1851 0^l,57 de graine se payait 8 fr. 60 c.

m) VIRGINIE A CÔTES ÉPAISSES.
(Pl. VI, fig. 27.)
(Friederichsthalertabac dans le Palatinat, tabac à grosses côtes dans les environs de Heidelberg, achter à Kirchheim.)

Feuilles rapprochées sur la tige, pendantes, la plus grande largeur de la feuille se trouvant au-dessus de son milieu, et diminuant uniformément vers le bas; trois fois plus longues que larges; nervure médiane épaisse; nervures secondaires à angle aigu sur la nervure médiane, boursouflées; parenchyme mince.

Cette espèce fut introduite dans le Palatinat par la Société agricole de Heidelberg, qui la fit venir de la Moldavie où elle est connue sous le nom de *tempyky*. Le rendement considérable de ce tabac fit prendre à sa culture une grande extension.

n) VIRGINIE A CÔTES ÉPAISSES ET BOURSOUFLÉES.
(Pl. VI, fig. 28.)
Tabac d'Amersfort.)

Cette variété paraît provenir de la précédente, et la différence qu'on y remarque pourrait être attribuée au sol plus fertile où elle a été transplantée.

Voici ses caractères :

Feuilles rapprochées sur la tige, penchées vers le sol; leur plus grande largeur se trouvant un peu au-dessus du

milieu, et diminuant brusquement vers la partie inférieure
formant presque un pétiole ailé ; longueur égalant un peu
plus de deux fois la largeur ; nervure médiane très-épaisse ;
nervures secondaires insérées sur la nervure médiane, sous
un angle très-aigu, et se dirigeant vers la pointe (de la
feuille), presque parallèlement à celle-ci, très-boursouflées,
ridées ; parenchyme mince.

Avant que le tabac Goundic ne fût connu dans le Palatinat, cette variété était aussi recherchée des fabricants que
des planteurs ; et actuellement encore, on la cultive dans
les meilleures communes de ce pays.

SECONDE ESPÈCE : VIRGINIE PÉTIOLÉ.

Feuilles pourvues d'un pétiole quelquefois ailé et auriculé à la base.

*o) BAUMKANASTERTABAC.
(Pl. VI, fig. 29.)

(Nicotiana fruticosa des jardins.)

Feuilles lancéolées à pointes aiguës, pourvues d'un pétiole ; tiges très-élevées, fleurs peu rapprochées, disposées
en panicules écartées. Cette variété jouissait d'une grande
réputation qu'elle ne méritait pas ; au contraire, elle doit
être rangée dans les espèces dont le rendement est le moins
considérable.

Ce tabac, comme, d'ailleurs, un grand nombre d'autres
variétés, peut végéter plusieurs années quand on a l'attention de lui faire passer l'hiver dans une serre ; dans les contrées méridionales il pourrait rester plusieurs années en
plein champ. Sa forme est très-variable dans nos climats,
il dégénère facilement, et se transforme en d'autres variétés.

p) **VIRGINIE A FEUILLES CORDIFORMES.**
(Pl. VI, fig. 30.

(Tabac des Indes orientales, désigné parfois sous ce nom dans le commerce ; Nicotiana petiolata, Leh.)

Feuilles cordiformes, ovoïdes, terminées en pointes, retombantes, lustrées, grasses, à bords étroits, pourvues d'un pétiole.

Variété constante, produisant des feuilles d'un grand poids dans les terres grasses.

La culture de cette variété n'offre aucun avantage qui doive la faire rechercher de préférence.

SECONDE DIVISION.

FLEURS VERT JAUNE.

---

3. *Nicotiana rustica.* **Tabac à la violette.**
(Pl. II, fig. 7, 8, 9.) •

Tige se ramifiant à partir du sol ; feuilles très-écartées sur la tige et les branches, se détachant à angle droit : feuilles pétiolées, ovoïdes, se rapprochant de la forme ronde ou ovale, obtuses ; nervure médiane épaisse ; nervures secondaires à angle droit sur la nervure médiane ; parenchyme boursouflé, lisse, épais ; corolle courte, renflée presque dès la base, de la forme d'un œuf renversé, resserrée au sommet ; bord élargi, plissé en lobes très-marqués.

q) **TABAC A LA VIOLETTE A GRANDES FEUILLES.**
(Pl. VI, fig. 31.)

(Tabac de paysan, brésilien et asiatique ; tabac hongrois dans le Palatinat, tabac à la violette et tabac de Virginie allemand à Nuremberg et chez les fabricants ; priapée à Montpellier ; tabac à la reine, herbe sainte et herbe à l'ambassadeur en France.)

Feuilles ovoïdes, sensiblement rondes, légèrement cordiformes à la base ; boursouflées, à tissu ressemblant à du cuir, feuilles brillantes ; panicules raccourcies et agglomérées. Ce tabac était principalement cultivé à Minden, en Hanovre, à Dutterstadt et à Nuremberg, et c'est de là que sa culture s'est répandue dans le reste de l'Allemagne.

La Société agricole de Heidelberg fit d'inutiles efforts pour en propager la culture dans le Palatinat.

Quoique les feuilles de cette espèce possèdent un goût bien caractéristique, il paraît que leur arome (parfum de violette) ne les fait pas rechercher des consommateurs ; cette espèce a entièrement disparu du Palatinat.

r) TABAC A LA VIOLETTE A PETITES FEUILLES.

(Pl. VI, fig. 32.)

Feuilles ovoïdes se rapprochant de la forme ovale, arrondies à la base ou diminuant de largeur.

Cette variété est très-petite, et n'a été que très-peu cultivée jusqu'à présent. Dans les jardins de la Société d'agriculture de Heidelberg on obtint, par son croisement avec le *nicotiana paniculata*, une forme mixte (*nic. rustico-paniculata*), qui se propage par graines.

CHAPITRE II.

PARTIES CONSTITUTIVES DU TABAC.

Pour connaître la nature du sol propre au tabac, les engrais qui lui conviennent le mieux, et qui doivent varier d'après le but qu'on se propose, il est absolument nécessaire d'examiner en détail les différentes parties de la plante et leur composition chimique.

De même il sera de la plus grande importance, pour bien juger les différentes variétés, de connaître, par exemple, le poids de chaque partie de la feuille et leur rapport réciproque dans chaque espèce de tabac.

La plante se compose de la racine, de la tige et des feuilles. Le rapport de ces trois parties varie selon les espèces et d'après leur végétation plus ou moins vigoureuse. D'après des pesées très-exactes, on obtint les moyennes suivantes :

a) Racine..	15	à 37,5	grammes.
b) Tige.	22,5	à 60	—
c) Feuilles.	30	à 90	—
d) Graines.	7,5	à 15	—

a) RACINE.

Analyse des cendres d'après Berthier.

100 parties de cendres contiennent :

Substances solubles dans l'eau.	**12,3**
Substances insolubles dans l'eau.	**87,7**

100 parties de cendres renferment en substances solubles :

Acide carbonique.	10,00
Acide sulfurique.	10,30
Acide muriatique.	18,26
Acide silicique.	0,00
Potasse. .	
Soude. . .	61,44
Eau.	

b) TIGE.

100 parties de la tige desséchées à 100 degrés centigr. renferment environ 5,4 à 5,5 p. 100 de cendres.

c) FEUILLES.

Eau contenue dans les feuilles vertes :

	Eau, 0/0.	Substance sèche, 0/0.
Tabac d'Amersfort.	89,72	10,28
Duttentabac.	85,45	14,55
Ohio.	90,77	9,23
N. rustica.	87,95	12,05
Tabac à côtes blanches.	88,92	11,08
Goundie (belle venue).	91,45	8,55
Goundie (venue médiocre).	89,71	10,29

D'après des expériences faites sur des feuilles desséchées, on trouva le rapport suivant entre les côtes et le parenchyme :

	0/0 côtes.	0/0 parenchyme.
Duttentabac.	22,3	77,7
Goundie d'une venue vigoureuse. .	25,4	74,6
Goundie de faible venue.	25,9	74,1
Tabac d'Amersfort.	25,9	74,1
Ohio.	29,6	70,4
N. rustica.	30,2	69,8
Tabac à côtes blanches.	38,0	62,0
EN MOYENNE.	28,2	71,8

D'après les analyses de M. Huff, la feuille, non compris la nervure médiane, contient 20,60 p. 100 de cendres.

Les côtes mêmes contiennent, d'après des approximations très-rapprochées, 26 jusqu'à 28 p. 100 de cendres.

Les feuilles (avec la nervure médiane) renferment, sur 100 parties,

Tabac Goundie.	20,7	pour 100 de cendres.
Tabac hongrois.	21,5	—	—
N. rustica.	23,4	—	—
Duttentabac.	23,7	—	—
Havane.	24,2	—	—
En moyenne. . .	22,4	pour 100 de cendres.

D'après Will et Fresenius, les cendres des feuilles contiennent :

NUMÉROS.	POTASSE.	SOUDE.	MAGNÉSIE.	CHAUX.	ACIDE phosphorique.	ACIDE sulfurique.	OXYDE DE FER.	CHLORURE sodique.	CHLORURE potassique.	LIEUX DE CROISSANCE DES PLANTES.
1	29,08	2,26	7,22	30,35	2,74	3,75	6,04	0,91	»	Debrecyn.
2	30,67	»	8,57	27,12	1,88	3,27	4,15	5,95	»	id.
3	27,88	»	7,31	33,84	1,99	3,75	4,40	9,34	4,90	id.
4	18,20	»	15,73	32,06	2,12	5,91	4,68	11,41	3,92	Banat.
5	8,20	»	13,93	46,08	1,90	4,63	4,17	3,22	8,53	id.
6	19,55	0,27	11,07	48,68	3,66	3,29	2,99	3,54	»	Funflirchen.
7	9,68	»	14,58	52,06	1,62	3,90	3,57	4,61	4,44	id.
8	9,36	»	15,59	52,00	2,10	3,58	4,62	3,20	3,27	id.
9	10,37	»	15,04	43,45	2,36	5,50	5,20	6,39	2,99	id.
10	11,21	»	12,77	49,16	1,97	2,98	4,33	2,58	2,07	id.

D'après les analyses de Posselt et de Reymann, les feuilles sont ainsi composées :

Nicotine.	0,07
Matière extractive.	2,87
Gomme.	1,74
Résine verte.	0,27
Albumine.	0,26
Gluten.	1,05
Acide malique.	0,51
Malate d'ammoniaque.	0,12
Sulfate de potasse.	0,05
Chlorure potassique.	0,06
Nitrate et malate de potasse.	0,21
Phosphate de chaux.	0,17
Malate de chaux.	0,72
Silice.	0,09
Fibres ligneuses.	4,97
Eau.	86,84
	100,00

Nicotine contenue dans les feuilles (d'après Schlœsing).

100 parties de tabac séché et écôté ont donné les résultats suivants :

Département du Lot.	7,96
— de Lot-et-Garonne.	7,34
— du Nord.	6,58
— d'Ille-et-Vilaine.	6,29
— du Pas-de-Calais.	4,94
— du Bas-Rhin.	3,21
Tabac de Virginie.	6,87
— Kentucky.	6,09
— Maryland.	2,29
— Havane, moins que.	2,00

D'après Melsen, la nicotine se compose de

Carbone. 74,3
Hydrogène.. 8,8
Azote.. 17,3
                                        100,4

d) GRAINES.

La quantité d'huile contenue dans les graines varie, d'après Schubler, entre 52 et 56 p. 100.

CHAPITRE III.

SOL.

Pour déterminer le sol le plus propre à une plante, il faut principalement considérer deux propriétés.

a) PROPRIÉTÉS PHYSIQUES.

Dans les écrits sur la culture du tabac on trouve généralement que le meilleur sol est celui qui n'est ni trop léger ni trop compacte ; cette indication est vraie, seulement elle ne précise pas la limite entre la terre légère et la terre compacte.

Le tabac a besoin, comme nous le démontrerons plus loin, d'engrais organique qui doit agir dans un espace de temps très-court : or il opérera son effet rapidement, si l'air, l'humidité et la chaleur peuvent l'influencer dans une certaine mesure, ce qui aura surtout lieu dans une terre légère. Au moyen de différents engrais et amendements, une terre trop légère, qui ne possède pas assez d'humidité, peut être rendue propre à la culture du tabac, de même qu'une terre trop compacte peut y être appropriée par l'introduction d'une grande quantité de substances organiques légères.

On rendra le sol léger en y mêlant des substances inorganiques, du sable, ou des substances organiques, comme l'humus ; ces dernières contribuent non-seulement à ameublir la terre, mais attirent l'humidité, retiennent la chaleur, et, pour cette cause, méritent la préférence sur les premières.

On peut dire, avec raison, que tout sol de couleur noirâtre, contenant une grande quantité d'humus, est propre à la culture du tabac.

Les propriétés physiques de l'humus sont celles qui conviennent le mieux à la plante.

Dans le Palatinat, une terre réputée la meilleure pour la culture du tabac renfermait 15 pour 100 de détritus organiques, et seulement 9 pour 100 de sable; une autre, peu propre à la culture, contenait 50 pour 100 de sable, mélange qu'on regarde généralement comme très-favorable; mais il n'y avait que 4 pour 100 de débris organiques.

Les recherches les plus multipliées démontrèrent, toutes, l'importance qu'il faut attacher à la quantité d'humus contenue dans un sol.

Si l'on considère, en général, les champs de tabac, on trouvera toujours, à proximité des villages, le sol le plus noirâtre et, en même temps, le plus beau tabac. Les pièces de terre que les Hollandais plantent en tabac ont toutes un sol noirâtre riche en humus. Les tabacs américains sont tous plantés dans des terres formées de détritus de végétaux et réussissent parfaitement.

Si les Hollandais mettent, tous les ans, de l'engrais sur leurs champs à tabac, c'est dans le seul but d'y augmenter la quantité d'humus.

b) PROPRIÉTÉS CHIMIQUES DU SOL.

Comme le montre l'analyse des tiges et des feuilles, la plante a surtout besoin de chaux et de potasse; les autres substances, quoiqu'elles concourent également à sa nourriture, peuvent être amenées à peu de frais par l'engrais. Il sera donc avantageux de trouver ces deux corps dans le sol; s'ils ne s'y trouvent pas, ils peuvent être produits par la grande masse d'engrais organiques : d'où il suit que, dans l'examen d'une terre, les parties inorganiques, considérées sous le rapport de la chimie, ne sont pas d'une haute importance.

La pratique le démontre aussi ; les terres à base de chaux ou de granit, qui se distinguent par leur contenance en potasse, devraient être préférées à toutes les autres ; ce qui, toutefois, n'a jamais lieu.

Aux considérations physiques et chimiques sur les parties constitutives d'une terre propre au tabac, ajoutons que la couche de terre végétale doit être profonde, les racines de la plante pénétrant jusqu'à $0^m,15$ dans le sol.

Quant à ce qui concerne le sous-sol, il doit avoir la composition que nous exigeons de toute bonne terre arable.

CHAPITRE IV.

Nulle plante ne montre mieux que le tabac que le prix d'un engrais organique dépend des substances azotées qu'il contient. Toutes les espèces d'engrais que la pratique montre comme lui étant les plus appropriées possèdent une grande quantité de ces substances. De même que toutes les plantes exotiques cultivées dans nos climats, le tabac n'acquiert tout son développement que par des soins assidus et des engrais très-actifs et bien appropriés à sa nature. Néanmoins il est hors de doute qu'une fumure trop abondante nuit à l'arome des feuilles.

Pour connaître les parties de l'engrais les plus favorables au tabac, il est nécessaire d'avoir recours à l'analyse organique et inorganique, et de calculer combien de ces substances isolées contient une récolte faite sur un champ d'une grandeur déterminée.

Le rendement moyen d'un arpent badois (36 ares) con -
tient en substances sèches :

Feuilles. . . . . . 12,0 quintaux (6 quintaux métriques).
Tiges. . . . . . . 6,3 — (3,15 —).
Racines. . . . . . 3,7 — (1,85 —).

En tout. . . 22,0 quintaux (11 quintaux métriques).

L'analyse des parties organiques et inorganiques con-
tenues dans les cendres a donné les résultats suivants :

	Parties organiques.	Parties inorganiques
Feuilles.	465^k,600	134^k,400
Tiges..	303^k,975	11^k,025
	769^k,575	145^k,425

Il ressort de ce qui précède que les plantes d'un arpent
badois (36 ares) absorbent environ 3 quintaux (150 kilog.)
de parties inorganiques, et on peut conclure, d'après nos
premières analyses, que c'est surtout de la chaux et de la
potasse. Nous devons donc tout particulièrement nous préoc-
cuper de ces deux substances, si elles ne se trouvent pas
déjà dans le sol.

Dans la plupart des contrées où l'on cultive du tabac, on
ne songe pas à pourvoir les champs de tabac d'engrais inorganiques, comme on le fait pour le trèfle, malgré le besoin
reconnu de la plante de ces substances.

La raison en est probablement que, dans la grande masse
d'engrais de bêtes à cornes que nécessite la culture, les sels
inorganiques s'y trouvent en quantité suffisante, et que, par
suite de l'action décomposante de l'air et par les labours,
ces substances inorganiques indispensables sont mises en
liberté.

Il n'existe pas d'essais exacts sur l'influence que pourraient exercer des sels de chaux et de potasse se trouvant en excès. Quand même on ne remarquerait pas de différence dans la grandeur de la feuille, on en trouverait peut-être dans l'augmentation de poids; peut-être un engrais inorganique spécial aurait-il quelque influence sur l'arome des feuilles.

On dit ordinairement que les tabacs d'une végétation vigoureuse sont les plus forts, c'est-à-dire qu'ils étourdissent le plus ceux qui les fument. Mais la force d'un tabac est estimée d'après la quantité de nicotine qu'il contient. Or cette substance ne pourrait-elle pas être remplacée par des bases inorganiques? Comme il résulte de notre analyse des tabacs comparés sous le rapport de la quantité de nicotine qu'ils renferment, il faut remarquer que notre climat est peū propre à sa formation.

Ne serait-il pas intéressant d'essayer si, par des engrais inorganiques, on ne parviendrait pas à influencer la formation de la nicotine ?

Un arpent badois (56 ares) produit en éléments organiques contenus dans les feuilles et tiges :

Substances azotées..	275^k,550
Substances non azotées. . . .	494^k,025
	769^k,575

Bien que l'engrais organique ne puisse pas être déterminé entièrement d'après les éléments organiques produits par une terre d'une certaine étendue, cependant nous pouvons dire, et la pratique le démontre, que les plantes renfermant des substances azotées préfèrent les engrais qui contiennent ces mêmes substances; néanmoins, pour le choix des engrais organiques, le climat doit être pris en considération : ainsi, par les substances azotées, nous parvenons à donner un développement plus vigoureux à une plante méridionale, quand même on ne développerait pas tous les principes qu'elle devrait contenir.

Comme le tabac ne reste pas longtemps dans les champs et qu'il doit produire dans un court espace une grande quantité de substance organisée, la deuxième considération importante pour le choix du meilleur engrais sera celle d'une décomposition rapide. Les déjections de moutons, les débris de cornes, la drêche produisent un effet très-rapide. La pratique démontre que la lizée, répandue sur le sol en temps opportun, est un des meilleurs engrais, à cause de son effet spontané; le planteur en fait usage au temps du plus grand développement de la plante, avant le binage. Le fumier de bêtes à cornes opère trop lentement, quand il est amené dans les champs mélangé avec de la paille; aussi les cultivateurs le mettent-ils en tas pendant l'hiver et ne le répandent-ils que lorsque la décomposition en est complète. On obtient alors un effet analogue à celui qu'on veut produire par les jachères sur lesquelles on conduit de l'engrais avant de semer la navette. Pour le tabac, cette manière de procéder est impossible, parce que l'hiver précède la plantation et qu'on ne peut traiter tout le champ comme un amas de compost, ce qui a lieu dans la préparation des champs de navette.

Dans la table suivante (pages 26 et 27), on a indiqué la valeur des engrais d'après leur richesse en azote, ainsi que leurs prix approximatifs.

250 quintaux (12,500 kilog.) de fumier contiennent, en moyenne, 50 kilog. d'azote, et suffisent à l'engrais de 56 ares et 10,000 plantes. D'après cela, on a calculé, dans une formule plus étendue, la valeur de ces 50 kilog. d'azote d'après le prix des engrais.

Comme la prompte action des engrais est un point essentiel, nous l'avons indiquée d'après les expériences que la pratique a consacrées. On voit, à l'inspection de ce tableau, que toute substance contenant beaucoup d'azote est·

légère et laisse ainsi pénétrer plus facilement l'air et l'humidité.

On a indiqué, en outre, leur contenance en eau et en
cendres chaque fois qu'on a pu le faire avec certitude.

ENGRAIS.	EAU 0/0.	CENDRES 0/0.	SUBSTANCE ORGANIQUE 0/0.	AZOTE 0/0.
Engrais de bêtes à cornes (race bovine)	86,44	2,36	11,20	0,41
Fumier de cheval	76,30	4,13	19,70	0,55
Excréments de mouton	63,00	3,20	33,80	1,11
Urine de cheval	79,10	4,00	16,90	2,61
Urine de vache	88,30	2,90	8,80	0,44
Lizée	99,60	0,40	0,40	0,06
Matières fécales	73,30	1,20	25,50	3,40
Urine des pissoirs publics	93,30	1,67	5,03	0,07
Excréments de porc	82,00	3,71	14,29	0,63
Excréments de chèvre	46,00	?	?	2,16
Fiente de pigeon	9,60	?	?	8,30
Guano	19,60	23,30	57,10	5,00
Id	23,40	?	?	5,40
Id	11,30	?	?	13,95
Chairs musculaires	8,50	?	?	13,04
Sang	81,00	1,00	18,00	2,95
Sang desséché	21,40	4,40	74,20	12,18
Os réduits en farine	30,00	30,00	40,00	5,31
Poils de bœuf	8,90	1,80	89,30	13,78
Cornes (débris de)	9,00	Très-peu.	91,00	14,36
Chiffons de laine	11,30	?	?	17,98
Marc de houblon	73,00	?	?	0,56
Marc de raisin	48,20	?	?	1,71
Marc de betteraves	70,00	?	?	0,38
Marc de betteraves desséché	9,30	?	?	1,14
Betteraves découpées provenant des raffineries	94,50	?	»	0,01
Germes de drêche	6,00	5,27	88,73	4,51
Feuilles de betteraves	88,90	»	»	0,50
Gâteaux de lin	13,40	»	»	5,20
Gâteaux de navette	10,50	»	»	4,92

NOMBRE DE QUINTAUX MÉTRIQUES nécessaires pour produire 1 kilogr. d'azote.	PRIX DU QUINTAL MÉTRIQUE.		EFFETS DE L'ENGRAIS amené dans les champs dans son état de décomposition ordinaire.	DÉPENSE pour 1 ARPENT BANGIS (36 ares).		OBSERVATIONS.
	fr.	c.		fr.	c.	
122,60	»	57.4	Effet moyen.	70	37	
90,90	»	57.4	— rapide.	52	17	
45,05	»	71.7	— très-rapide.	32	30	
19,15	»	07	*Id.*	1	34	
113,60	»	07.1	*Id.*	8	06	
833,30	»	07.2	*Id.*	59	99	
14,70	2	15	*Id.*	31	60	
7,142,85	»	01.8	*Id.*	128	57	
79,45	»	43	— moyen.	34	16	
23,4	»	57	— très-rapide.	13	33	
6,00	12	90	— rapide.	77	40	
10,00	17	20	*Id.*	172	»	
9,25	17	20	*Id.*	159	10	
3,55	17	20	*Id.*	61	06	
3,80	7	15	— très-rapide.	27	17	
16,95	4	30	*Id.*	72	88	
4,10	8	60	— rapide.	35	26	
9,40	10	77	— moyen.	101	23	
3,60	4	30	*Id.*	15	48	
3,45	6	46	— rapide.	22	28	
2,75	6	46	— lent.	17	76	
89,30	»	»	— très-rapide.	»	»	
29,20	»	»	— rapide.	»	»	
131,55	»	»	— très-rapide.	»	»	
43,90	»	»	— rapide.	»	»	
500,00	»	»	— très-rapide.	»	»	
11,05	6	46	— rapide.	71	38	
100,00	»	»	— très-rapide.	»	»	
9,60	17	20	— rapide.	165	12	
10,15	17	20	*Id.*	174	58	

Les engrais se décomposant facilement et contenant beaucoup d'azote ont donc le plus d'influence sur le développement des feuilles.

Les expériences de Hermbstaedt ont eu, en Allemagne, une assez grande influence sur la culture pour que nous décrivions celle par laquelle il a calculé la force des engrais.

Il cultiva un champ dont le sol, composé d'argile et de sable, ne renfermait pas de gravier. La pièce fut entièrement retournée en automne, et l'engrais, amené dans un état convenable de décomposition, fut recouvert, et au printemps le champ fut de nouveau deux fois retourné profondément à la bêche. Il divisa ensuite la pièce en carrés de 9 mètres carrés qui reçurent la même quantité de différentes espèces d'engrais évaluées à l'état sec.

Les plantes destinées à y être transplantées furent élevées dans des couches et transplantées dans les premiers jours de juin. Chaque plante occupait un espace de $0^{m\,c}\!,56$, de manière que sur les 9 mètres carrés de chaque couche on planta vingt-cinq pieds que l'on arrosait dans les temps de sécheresse.

Les plantes, arrivées au terme de leur croissance, furent écimées au fur et à mesure que les boutons à fleur commencèrent à se montrer, et on ne laissa que douze feuilles par pied. Les rejetons (gitzen) furent enlevés avec soin.

On constata les résultats suivants :

ENGRAIS.	N. TABACUM.			N. MACROPHYLLA.				N. RUSTICA.			
	RENDEMENT de 100 pieds carrés (9 mètres carrés).	RENDEMENT d'un arpent badois (36 ares).	LONGUEUR des feuilles.	RENDEMENT de 100 pieds carrés (9 mètres carrés).	RENDEMENT d'un arpent badois (36 ares).	LONGUEUR des feuilles.	LARGEUR des feuilles.	RENDEMENT de 100 pieds carrés (9 mètres carrés).	RENDEMENT d'un arpent badois (36 ares).	LONGUEUR des feuilles.	LARGEUR des feuilles.
	Kilog.	Quint. métr.	Centimètr.	Kilogr.	Quint. métr.	Cent.	Cent.	Kilogr.	Quint. métr.	Cent.	Cent.
Sang coagulé provenant des fabriques de sucre	4,00	16,00	39—48	4,35	17,40	45	30	3,35	13,40	27	18
Matières fécales décomposées	3,75	15,00	42—51	4,00	16,00	45	27	3,30	13,20	27	18
Excréments de moutons	3,60	14,40	33—45	4,10	16,40	45	30	3,25	13,00	27	18
Fumier de cheval décomposé	3,25	13,00	24—30	3,75	15,00	36	24	3,00	12,00	24	15
Engrais de vache	3,10	12,40	27—36	3,35	13,40	39	33	3,00	12,00	24	15
3 parties de terreau végétal et 1 partie d'urine de vache	3,00	12,00	24—30	3,25	13,00	42	27	3,00	12,00	25	16
Engrais provenant de fiente de pigeon et de poule	2,85	11,40	24—30	3,25	13,00	42	27	3,00	12,00	24	15
Engrais vert (végétal)	2,75	11,00	24—30	3,00	12,00	42	27	2,85	11,40	24	15

La couleur et l'odeur des feuilles non fermentées provenant de ces essais de Hermbstaedt furent analogues aux expériences de même genre faites dans le Palatinat. Les feuilles obtenues par les engrais azotés étaient grandes, couleur brun foncé, de mauvais goût à fumer ; les engrais moins riches en azote, comme les engrais végétaux, donnèrent des feuilles d'une coloration plus claire et d'un goût plus agréable.

Nous voyons dans ces recherches la confirmation de ce que nous avons dit précédemment ; il est surtout digne de remarque que la fiente de poule et de pigeon se soit montrée moins avantageuse que les autres engrais ; la raison en est probablement que cet engrais n'a pas été employé avec discernement, parce que ces excréments, conduits sur le sol à l'état sec, ne produisent leur entier effet que dans les années humides ; c'est même par la fiente de poule, délayée dans l'eau, qu'on a obtenu les plus grandes feuilles de tabac. Comme Hermbstaedt n'indique pas exactement le poids des engrais, il est à croire qu'il en a employé une trop faible quantité.

Le terreau végétal qu'on forme par les engrais verts a produit le moindre rendement ; mais ces engrais, combinés avec la lizée, ont donné une très-forte récolte ; cette dernière a fourni l'azote, et, par l'engrais vert, on a bonifié la constitution physique du sol.

On trouve également une différence très-marquée dans le rendement des diverses variétés de tabac, et le peu d'effet des engrais sur *N. rustica* est surtout remarquable. La pratique a de même fait connaître que l'espèce de tabac dit *tabac de paysan* (tabac à la violette à grandes feuilles, voir page 10) demande un engrais moins actif que les autres espèces, et cette qualité est regardée comme le principal avantage de la culture de cette variété.

L'action de l'engrais ne doit pas seulement se borner à fournir aux plantes les substances nécessaires à leur croissance, mais encore améliorer les propriétés physiques du sol.

Il est notoire qu'on ne peut mieux rendre le sol léger que par les détritus végétaux.

Le sable possède, il est vrai, la même propriété, mais non pas au même degré; l'accès de l'air et de l'humidité dans le sol, pour hâter la prompte décomposition des engrais, est, comme nous l'avons dit, d'une grande importance pour le tabac, et ne saurait être opéré que par les détritus de végétaux. Quand même on amènerait sur 36 ares, au moyen de l'engrais, les 50 kilog. d'azote, si l'on négligeait d'y mettre d'autres substances organiques en quantité suffisante, le champ s'appauvrirait d'année en année. A ce titre déjà l'engrais végétal est pour nous une garantie de réussite pour les plantes que nous cultivons.

La pratique s'accorde avec ce que nous avançons; le plus beau tabac est constamment dans le voisinage des villages, parce que c'est dans ces champs qu'on a porté la plus grande quantité d'engrais, à cause de leur proximité, et, par là, la couche de terreau a pu se former; les champs plus reculés sont d'un moindre rendement, non pas que leur composition inorganique soit autre, mais parce que ces champs, au lieu d'avoir un sol noirâtre, ont une couleur rouge ou brun jaune, indice certain de leur pauvreté en humus.

Les Hollandais plantent constamment les mêmes pièces de terre en tabac et les fument chaque année. Cette méthode, qui, dans d'autres circonstances, serait très-préjudiciable, leur est très-avantageuse; par là, le sol est constamment amélioré, et le rendement en tabac s'élève d'année en année; c'est peut-être à ce procédé qu'ils doivent le rapport considérable en tabac double du nôtre.

Avant de terminer ce chapitre, précisons les propriétés que doit posséder le meilleur engrais pour le tabac. D'après ce qui précède, il doit renfermer de la chaux et de la potasse, ensuite des substances renfermant des principes azotés faciles à être dégagés, et, si le sol est pauvre en humus, des substances capables de l'augmenter.

CHAPITRE V.

CLIMAT.

On aurait tort de prétendre que le tabac n'a pas besoin d'un climat méridional pour atteindre son développement *normal*, en alléguant qu'on le cultive en Allemagne, en Alsace, en Danemark, en Hollande et dans la péninsule scandinave aux 62° et 65° de latitude. Nous ne pouvons le cacher, il y a une immense différence dans le développement et dans le goût des tabacs du Midi et ceux des climats du Nord ; de même tous les tabacs d'Amérique ne ressemblent pas au havane ; le tabac de l'Amérique du Nord est semblable au nôtre, et c'est une erreur de croire qu'à la même latitude les tabacs d'Amérique soient préférables.

Le tabac croît dans toute contrée où la durée de la végétation est de trois à quatre mois.

D'après Boussingault, le tabac n'est cultivé avec succès que dans les contrées où la température moyenne ne descend jamais au-dessous de 24° ; ce n'est que là qu'il acquiert tout son arome.

Le tabac qui croît dans la seconde moitié de la zone tempérée a une odeur plus ou moins désagréable et présente, selon le climat, une grande différence dans le goût. Ainsi le tabac du Palatinat est plus agréable que celui de la Poméranie, du Danemark et de la Norwége, et le tabac des chaudes vallées du sud de l'Allemagne l'emporte en qualité sur celui qui est cultivé sur les hauteurs ; le tabac planté sur les versants du Sud , sur des coteaux bien exposés, acquiert de même un plus complet développement.

Le soleil, comme la pratique l'a suffisamment démontré, exerce une plus grande influence sur les plantes dont la végétation est languissante que sur celles qui croissent avec vigueur; ces plantes, quand elles ont une bonne exposition, se développent d'une manière plus normale.

Il ne suffit cependant pas d'avoir trouvé une exposition favorable, il faut encore que les plantes soient à l'abri du vent. On possède, il est vrai, des variétés qui résistent mieux que d'autres au vent ou à la tempête, mais toutes aiment une atmosphère tranquille, pour que leurs feuilles lourdes et cassantes ne soient pas exposées à être endommagées. En Poméranie, les champs de tabac, comme les autres récoltes, sont protégés contre les vents de mer par des plantations de hêtres et d'aunes. Les Hollandais ne se contentent pas de cet abri, ils partagent encore leurs champs de tabac en petits carrés au moyen de haies de fèves qni protégent plus efficacement les plantes contre le vent.

CHAPITRE VI.

**CHOIX DES DIFFÉRENTES ESPÈCES ET VARIÉTÉS DE TABAC,
D'APRÈS LES CIRCONSTANCES ET LE BUT QU'ON SE PROPOSE**

Le choix de l'espèce de tabac propre à un pays est très-important, le rendement plus ou moins considérable dépendant uniquement de la variété qu'on cultive. Semer des graines sans s'inquiéter de leur espèce et sans consulter la nature du sol et du climat, c'est risquer de perdre ses peines.

Ce sont les grandes feuilles bien colorées, bien soignées à la pente, qui donnent le plus de profit. Cependant, en 1830, dans une assemblée des principaux fabricants et planteurs de tabac du Palatinat, on engagea quelques communes qui possédaient un sol très-sablonneux à s'appliquer non à produire de grandes feuilles, mais de petites dont l'arome fût meilleur.

Les feuilles de tabac reçoivent trois destinations : les plus grandes et les meilleures servent d'enveloppes de cigares ; celles de moindre qualité donnent le tabac à fumer et à priser.

La feuille servant d'enveloppe de cigare doit être grande, large, autant que possible sans boursouflure, mince, à nervures secondaires très-peu apparentes et se reliant à la nervure médiane sous un angle droit.

Quoique par des engrais et des soins bien entendus on puisse réagir sur certaines propriétés de la feuille, toujours est-il que plusieurs variétés s'y prêtent plus particulièrement.

En première ligne se présente le duttentabac, qui possède toutes les qualités que nous venons d'énoncer et que l'on peut considérer comme fournissant la meilleure feuille d'enveloppe; c'est le tabac qui a le parenchyme le plus mince. On a constaté, d'après diverses expériences, que, pour former un poids de 50 kilog., il faut 11,363 feuilles de cette espèce, de 0^m,45 de long, qui représentent la plus grande quantité de feuilles de cette longueur qu'on puisse compter pour 50 kilog.; aussi est-ce le duttentabac qui a les plus petites côtes, comme on peut le voir dans les précédents tableaux, 11 kilog. sur 50 ou 22 pour 100.

Ces deux propriétés sont peut-être la cause qui fait rechercher le duttentabac par les pays étrangers et qui le fait importer en Angleterre, malgré des droits de douane très-élevés.

Ce tabac est moins cultivé dans le Palatinat que par le passé, quoiqu'il soit toujours le mieux payé. Comme tous les tabacs de Maryland, l'arpent de cette espèce a un rendement inférieur à celui des autres tabacs; il demande plus de soins, une terre riche en humus, et surtout les lieux les plus chauds et les mieux abrités. Nous avons remarqué qu'il réussit principalement à l'entrée des vallées, où d'abondantes rosées entretiennent pendant tout l'été l'humidité du sol. Le duttentabac n'entre dans la consommation qu'en quantités très-insignifiantes; la majeure partie des enveloppes de cigares est prise, en Allemagne, de *N. tabacum.*

Le tabac Goundie n'est pas moins propre à servir d'enveloppe, comme on a pu le remarquer à la description de cette variété; il est inférieur à l'espèce que nous venons de décrire sous certains rapports et préférable sous d'autres.

Un quintal (50 kilog.) de tabac Goundie renferme seulement 9,708 feuilles de 0^m,45 de long; le poids des côtes, comparé à celui de l'espèce précédente, est, au lieu de 22 pour 100, 25 pour 100; cette espèce fournit donc une quantité beaucoup moindre d'enveloppes de cigares; mais le rendement d'un arpent est d'un sixième plus considérable que celui de l'espèce précédente, et son développement sur un champ bien également fumé est beaucoup plus vigoureux. Le tabac Goundie est l'espèce qni, s'acclimatant le plus facilement, présente en même temps le plus fort rendement en argent et en quantité.

Une autre espèce propre à servir d'euveloppe est celle dite d'Amersfort. Déjà la forme de la feuille, sa grande largeur montrent qu'elle peut être employée avec avantage à cet usage. La partie inférieure de la feuille, qu'on peut également considérer comme pétiole, forme une grande perte de parenchyme quand on l'emploie à servir d'enveloppe. Les nervures secondaires sont minces à la vérité, mais très-rapprochées dans toute la longueur de la feuille, et surtout sur ses bords, ce qui donne un aspect peu favorable à l'enveloppe. Le parenchyme de la feuille est mince, le volume de la nervure principale est le même que celui de l'espèce précédente. Les grandes boursouflures de la feuille, qui caractérisent le tabac d'Amersfort, gênent la *taille* de l'enveloppe, et cependant, avant l'introduction du tabac Goundie, cette espèce était très-recherchée pour cet usage. Ce tabac entre peu dans le commerce d'exportation.

Dans le Palatinat, le tabac d'Amersfort est très-recherché des cultivateurs, parce qu'il donne le plus fort rendement : on a récolté 1,000 à 1,100 kilogr. de tabac de cette espèce sur 36 ares. Il se distingue, dans différents climats et dans des terres de nature variée, par une croissance vigoureuse quand il est fortement fumé, il résiste mieux que toutes les espèces aux temps contraires et à la rouille. Ce tabac est, après l'espèce Goundie, celui qu'on doit choisir de préférence pour les essais de culture.

Le tabac dit *Frederichsthaler* montre déjà, à la simple inspection de la feuille, qu'il est moins propre que les précédents à servir d'enveloppe ; il est cependant employé à cet usage, mais jamais de préférence.

En considérant les feuilles des diverses espèces, nous trouvons encore plusieurs variétés qui se distinguent par une grande largeur, mais, comme nous l'avons remarqué à la description de ces espèces, le rendement en est très-variable, parce qu'ils ne réussissent pas complétement dans notre climat. Le tabac d'Ohio pourrait faire exception, mais les essais ne sont pas assez nombreux pour qu'on puisse émettre une opinion certaine ; cependant, malgré la grande largeur de la feuille, les enveloppes de cigares qu'on en a faites ont très-mauvaise apparence, à cause des côtes secondaires trop saillantes. Si l'on découpait sur de telles feuilles le parenchyme compris entre les côtes, ce qui se fait pour les cigares fins, le tabac d'Amersfort présenterait de grands avantages.

Reste encore une variété qu'on pourrait recommander particulièrement, pour en faire des enveloppes de cigares, l'espèce dite *Vinzer* ; aucune autre espèce ne l'emporterait sur celle-ci, si la feuille avait un peu plus de largeur. Dans un champ fertile et bien fumé, cette espèce atteint souvent la largeur nécessaire, et donne, grâce à ce développement, de très-bonnes enveloppes de cigares.

Le tabac dit Vinzer convient surtout aux endroits exposés aux vents, parce que ses feuilles, très-roides, résistent mieux à leur action. Cette espèce demande un sol fertile et de bons engrais, car elle épuise fortement le sol.

Si nous voulons caractériser le tabac pour la pipe, sans tenir compte de son arome, nous trouvons que les qualités qui le rendent préférable sont : des côtes minces, un parenchyme épais qui a atteint une complète maturité dans les champs, et qui possède une belle couleur jaune brun.

En considérant le tableau sur lequel nous avons indiqué le rapport des nervures, on voit que plusieurs espèces à côtes très-prononcées doivent être exclues de cette catégorie. Le tabac *à côtes blanches*, l'*Ohio* et le *N. rustica* se distinguent par un mince parenchyme ; cette dernière espèce a, en outre, un goût particulier, qui diffère beaucoup de celui de *N. macrophylla* et de *N. tabacum*, et c'est là la raison pour laquelle elle est très-peu cultivée.

Les tabacs d'Amersfort, de Goundie, le Fredcrichsthaler et le Vinzer sont donc aussi les meilleurs pour la pipe.

SECONDE PARTIE.

CULTURE.

CHAPITRE PREMIER.

AVANT-PROPOS.

Comme nous l'avons remarqué en parlant du climat, on peut cultiver le tabac dans des contrées où l'été a une durée moindre qu'il ne le faudrait au tabac ; c'est surtout par la culture artificielle des jeunes plantes pendant les mois rudes et assez froids du printemps, qu'on remédie à ce désavantage. L'intérêt du cultivateur est de rentrer sa récolte le plus tôt possible ; quand le plus grand développement des feuilles et leur maturité ont lieu dans les mois chauds de l'année, on obtient un rendement plus considérable, des feuilles d'un plus grand poids après leur dessiccation, et certainement un produit de meilleure qualité, que si le tabac ne se développe que dans les derniers jours de l'automne. C'est ainsi que nous avons trouvé que les tabacs d'Amersfort, plantés à la fin de mai, renfermaient 89,71 p. 100 d'eau ; les tabacs de la même espèce, plantés à la fin de juin, en renfermaient 92,20 p. 100 ; il est certain que, sous l'influence des chauds rayons de soleil du mois d'août et du commencement de septembre, les fibres se développent d'une manière plus normale et les parties inorganiques, par l'active évaporation de l'eau, se localisent plus facilement dans les feuilles. Une autre raison très-importante, qui milite en faveur d'une plantation précoce, c'est la considération du temps de la dessiccation qui tombe encore dans les beaux jours d'automne quand le tabac a mûri de bonne heure ; le tabac, planté tard, ne peut très-souvent être détaché de la pente qu'au printemps, et perd de son poids et de sa qualité par les brusques changements de température.

L'attention principale du cultivateur doit donc être dirigée sur une plantation précoce. Dans le Palatinat, les plantations sont effectuées au milieu du mois de mai, quand on n'a plus à redouter de gelées blanches ; la maturité arrive alors au mois d'août, la récolte à la fin de ce mois ou au commencement de septembre. Le plus long délai, pour la plantation, est la deuxième quinzaine de juin.

Les plants de tabac élevés dans des couches sont propres à la transplantation au bout de deux mois ou deux mois et demi ; dans les couches recouvertes de châssis vitrés, la croissance est plus rapide, et les plants peuvent servir à la transplantation après six ou huit semaines.

En fixant l'époque de la transplantation dans la deuxième quinzaine de mai, le temps des semailles tombera dans la deuxième quinzaine de mars, et pendant cette saison les plants doivent être abrités pendant la nuit contre le froid, et exigent des soins tout particuliers. Si les plants levés en pleine terre dans un jardin, sans les abris et les soins ordinaires, ne périssent pas tous les ans, du moins les pluies froides, les vents rudes, les gelées de la nuit, en retardent le développement, et les huit à dix semaines que nous avons fixées, comme étant le temps nécessaire pour les rendre propres à la transplantation, ne suffiront plus.

Sous forme d'essai, on a semé des graines avant l'hiver ; elles levèrent au printemps, quinze jours après celles qu'on avait semées dans les couches ; sans soins particuliers, et sans qu'on les recouvrît de terre, elles résistèrent à plusieurs gelées ; néanmoins leur végétation resta en retard de celle des plants qu'on avait fait lever sous les abris ordinaires.

Les plants de tabac sont peut-être moins sensibles au froid qu'on ne le croit communément.

On a vu, sur des couches découvertes, des plants couverts d'un pied de grêle reprendre une végétation vigoureuse après quinze jours d'interruption dans leur croissance.

Pour avoir des plants de bonne heure, on les cultive sur des couches artificielles disposées de diverses manières.

2) COMPOST.

Avant de décrire les différentes couches à tabac, il convient d'examiner le terreau ou compost qui entre dans la composition de toutes les couches.

Les jeunes plants consistent principalement en substances organiques, c'est pourquoi le compost doit renfermer ces sortes d'engrais, et surtout des substances azotées. Le compost doit être formé de terre légère, pour que la décomposition des substances organiques s'opère le plus promptement possible, car, si l'air n'a pas d'accès, l'engrais ne peut produire son effet. Il est d'autant plus nécessaire d'ajouter à cette terre des substances qui contribuent à la rendre perméable que, par les fréquents arrosements, la surface devient facilement pâteuse, et ne livre plus passage à l'air ; ajoutez-y l'inconvénient de ne pouvoir exercer aucune main-d'œuvre entre les plants trop serrés. Le second avantage, très-important, d'une terre légère, c'est de pouvoir arracher plus facilement les plants qu'on veut transplanter ; tandis que, si la terre est compacte, on ne peut les extraire de la couche sans enlever une partie de leurs racines ; ce qui cause un dommage notable à la plante transplantée en pleine terre.

Les substances azotées, de facile décomposition, qu'on

emploie d'ordinaire dans le Palatinat pour la préparation du compost, sont : le fumier de bêtes à cornes bien consommé, les matières fécales, le sang, les cheveux, les rognures de cornes, et, comme matières propres à diviser la terre, la sciure de bois, les feuilles sèches, et surtout les balles d'orge. Ces dernières substances sont mélangées dans une certaine proportion, avec de la terre pour former le compost; on commence à le préparer au milieu de l'été, ou en automne, et on l'arrose jusqu'au moment où on l'emploie avec de la lizée, du sang, de la fiente de pigeons délayée dans l'eau ; on retourne le tas quatre ou cinq fois pour le mettre en contact avec l'air.

Voici la composition du terreau pour les couches :

50 parties de terre de jardin riche en humus ; 25 parties de fumier de bêtes à cornes bien consommé ; 15 parties de matières fécales, de rognures de cornes, de cheveux, etc. ; 10 parties de sciures de bois, de feuilles, etc.

On n'a pas trouvé que les substances inorganiques de facile décomposition, mises à la surface, aient opéré un effet bien marqué sur la végétation des plants; les cendres de cigares, par exemple, répandues sur une couche à tabac, ne laissèrent remarquer aucune différence dans la croissance des plants. Par la grande quantité d'engrais organique, les plants paraissent être suffisamment pourvus des principes qui leur sont nécessaires.

3) EXPOSITION DES COUCHES A TABAC.

On distingue trois sortes de couches :

1) Les couches de jardin ;
2) Les couches suspendues ;
3) Les couches ordinaires avec châssis vitrés.

L'exposition de toutes ces couches, mais surtout des deux premières, est un point très-important, parce qu'il faut prémunir les plants contre les vents souvent froids du printemps et les faire profiter des rayons du soleil.

Les premières conditions sont donc de protéger les couches contre les vents froids, et de les placer autant que possible dans un endroit bien exposé au soleil. On trouve ordinairement cette exposition dans le voisinage des maisons, dans les cours découvertes du côté du sud et de l'est, et fermées du côté du nord et du nord-ouest.

Les plants les plus précoces se trouvent ordinairement dans les cours situées au milieu des villages, aux endroits où le vent n'a aucun accès, et où le soleil peut pénétrer, surtout le matin et à midi.

Une augmentation de chaleur assez sensible doit être produite par la couleur blanche des maisons, par suite de la réflexion des rayons solaires ; l'action du soleil sera encore plus forte, si l'on a soin de donner à la couche une inclinaison de (pl. VIII, fig. 57) 20 degrés dans la direction du sud ; cet angle ne devra pas être dépassé, autrement les arrosements et les pluies entraîneraient une trop grande quantité de terre. Si la couche n'était pas adossée contre une maison ou un mur, on pourrait élever un abri artificiel au moyen d'une cloison.

La préparation des couches, dans les jardins, se fait avec ou sans couche de fumier. Dans le premier cas, la chaleur de la terre est considérablement augmentée par la décomposition du fumier de cheval, engrais qu'on emploie ordinairement à cet usage. On creuse la terre à la profondeur de 0^m,50, et on remplit l'excavation d'engrais qu'on tasse aussi fortement que possible : par-dessus cette couche de fumier, on met 0^m,06 de terre de jardin et 0^m,03 du compost dont nous avons parlé précédemment. Pour les couches sans fumier, la terre est mélangée avec de la vase pendant l'hiver, retournée à la bêche au printemps et recouverte de compost.

Les couches suspendues consistent en caisses (pl. VII, fig. 55) de 0^m,15 à 0^m,45 de profondeur, exhaussées de 0^m,15 à 0^m,30 au-dessus du sol et reposant sur des poteaux. Ces couches ont l'avantage, dans les bas-fonds, de ne pas livrer passage aux vers et aux limaces, qui se glissent de préférence dans les terres grasses et qui occasionnent un grand dommage aux jeunes plants. Ces couches ont encore l'avantage d'empêcher que le froid de l'hiver, renfermé encore dans le sol, n'agisse sur les plantes à une époque où l'air est peut-être déjà tiède. Cet avantage est très-grand quand le printemps est beau; mais, s'il est froid, ces couches sont plutôt désavantageuses qu'utiles. Dans le Palatinat, on établit ces sortes de couches dans les cours protégées contre les vents, dans des endroits très-échauffés par le soleil, ordinairement dans le voisinage des étables. Dans ces circonstances, elles donnent un résultat très-satisfaisant.

Les couches suspendues sont faites de différents matériaux (pl. VII, fig. 33); elles consistent ordinairement en caisses formées de lattes et de planches; on trouve souvent aussi des couches de cette espèce construites en maçonnerie; elles doivent également être inclinées du côté du sud (pl. VII, fig. 34, 55). Ces caisses reçoivent une couche de fumier de cheval de 0^m,15 de profondeur, qu'on recouvre de compost. On voit encore de ces couches dont la partie inférieure n'est pas fermée, mais qu'on remplit de pierres ou de déblais sur lesquels on met un peu de terre, puis du fumier et du terreau (pl. VII, fig. 36), comme nous l'avons indiqué plus haut.

La préparation des couches ordinaires est analogue à la précédente : on enterre une caisse de 0^m,60 de haut; on y met du fumier de cheval jusqu'à une hauteur de 0^m,45, et on remplit le reste avec du compost.

En Alsace, les couches sont ainsi disposées : une couche de fumier frais d'une hauteur de 25 à 30 centimètres; une couche de 10 à 15 centimètres d'une terre riche en humus et qui doit contenir une assez forte quantité de sable destinée à la rendre accessible, dans toutes ses parties, à l'action de l'humidité et de la chaleur, et à faciliter le prolongement des racines. La couche est ordinairement encadrée de planches et garnie d'un filet pour préserver le semis des ravages des animaux domestiques. Quand le semis est établi dans un jardin, il est prudent de disposer, au fond de la couche, un lit de feuillage, des brisures de chanvre, etc., et d'autres substances propres à arrêter le passage des insectes. La drêche, mélangée avec le terreau dans une forte proportion, donne un excellent résultat en divisant la terre, en fournissant aux jeunes plants un engrais très-approprié à leur nature, et en préservant les couches des vers, des limaces et autres animaux nuisibles arrêtés par les piquants de cette substance.

Il faut une couche de 10 à 12 mètres carrés pour fournir largement les replants nécessaires à la culture de 1 hectare.

4) MATÉRIEL SERVANT A RECOUVRIR LES COUCHES.

Comme nous l'avons déjà dit, les plants doivent être préservés du froid de la nuit, surtout au commencement de leur végétation. Les couvertures dont on se sert sont de deux espèces : celles qui ne font que protéger contre le froid, et celles qui augmentent la chaleur.

Parmi les premières on compte

> Les couvertures de paille, de roseaux ,
> Les branches de sapin ,
> Les genêts ,
> Les bâches ,
> Les châssis en papier huilé et en percale.

Les abris qui augmentent la chaleur sont les châssis vitrés.

Les couvertures de paille et de roseaux sont formées en attachant, avec des ficelles, des liens de paille et de roseaux de manière à en former une couverture.

Les bâches sont formées de grosses toiles de lin (toiles d'emballage), étendues sur un cadre en bois muni de minces traverses destinées à empêcher la toile, quand elle est humide, de tomber sur les plants, et à conserver toujours un certain espace à l'air entre la toile et la couche. A la partie supérieure et inférieure, dans le sens de la longueur, sont dressées des lattes (pl. VIII, fig. 37) ou des planches de peu de largeur, sur lesquelles reposent les couvertures.

Comme il importe de recouvrir promptement les couches, quand on redoute l'orage ou la grêle, voici un procédé qui sera très-utile :

On coupe la toile d'après la forme de la surface de la couche ; on y fixe des baguettes qu'on place, dans le sens de la largeur, à 50 centimètres de distance les unes des autres (pl. VIII, fig. 39), et on attache des lacets aux deux extrémités. Quand on veut recouvrir la couche, on prend la toile enroulée avec les baguettes, on attache l'un des lacets à un crochet ou à un piquet planté en terre à l'une des extrémités, et on déroule la toile de manière que les baguettes reposent sur les traverses. En assujettissant la toile avec le lacet de l'autre extrémité, on produira une tension qui empêchera la toile de toucher les plants.

Le principal avantage de cette méthode consiste, comme nous l'avons dit, dans la promptitude avec laquelle on peut recouvrir le semis (pl. VIII, fig. 38).

Les châssis en papier huilé consistent en cadres de bois divisés en treillis par des baguettes d'un petit diamètre, sur lesquelles on étend du papier fort et durable qu'on a préalablement trempé dans de l'huile (pl. VIII, fig. 40); il est ainsi protégé contre la pluie et laisse encore passer quelque clarté.

On fabrique de la même manière les châssis en percale, dont la durée est plus grande, mais qui occasionnent aussi une plus forte dépense.

Il est inutile de décrire les châssis vitrés ; ils sont généralement connus.

Pour bien juger ces différents abris, il est nécessaire de nous rappeler les propriétés qu'ils doivent avoir.

Avant tout, ils doivent protéger contre le froid, être d'un usage facile, augmenter la chaleur, et, autant que possible, être durables et peu coûteux.

Les châssis vitrés remplissent seuls les trois premières conditions, mais leur prix est trop élevé pour un grand nombre de planteurs, et en outre ils demandent à être maniés avec beaucoup de précautions. Pour ces raisons, on a eu recours à un moyen intermédiaire qui a donné un très-bon résultat; il consiste à ne pas avoir de vitrages pour la surface entière de la couche, mais seulement pour un quart, et de les déplacer de temps en temps pour les mettre sur les autres parties. Cette méthode se recommande encore sous un autre rapport : les plants, toujours couverts de châssis vitrés, n'étant pas suffisamment habitués à l'air libre, deviennent maladifs quand on les transplante et n'ont qu'une croissance très-faible au moment de la reprise; tandis que, par le procédé précédent, en appliquant successivement un vitrage sur les différentes parties de la couche, on évite l'inconvénient que nous venons de signaler, et la transplantation peut avoir lieu deux et même trois semaines plus tôt.

Quant aux autres abris, ils ne possèdent que les deux premières qualités; il n'y a que le verre qui puisse ajouter à l'action des rayons du soleil.

Les expériences suivantes ont indiqué le degré de calorique que donnent ces abris.

La température moyenne du jour précédant l'expérience était de $+ 6°,5$ R.; dans la nuit suivante, elle descendit à $+ 1°,5$. La température de la couche, prise à une profondeur de $0^m,045$, donna les indications suivantes :

Couvertures de paille (paillassons).	3°,5	de chaleur.
Châssis en percale.	3°,0	—
Genêts.	3°,0	—
Grosses toiles.	3°,0	—
Couvertures de roseaux.	2°,2	—

Dans les couches recouvertes d'un châssis vitré, le thermomètre marquait $+ 12°$.

On voit, par ces expériences, que les paillassons bien épais procurent le plus d'abri.

Les nattes de paille sont d'un bon usage immédiatement après les semailles; plus tard elles sont moins utiles, parce qu'elles recouvrent trop directement les plants et pourraient leur nuire, quand une pluie froide et continue force à tenir le semis couvert pendant plusieurs jours.

Sous le rapport de la promptitude avec laquelle on peut exécuter ce travail, les branches de sapin et les genêts sont les moins commodes. Les toiles dont nous avons parlé mériteraient, à ce titre, la préférence.

5) GRAINES.

Les graines de tabac conservent très-longtemps leur faculté germinatrice, propriété qui peut nous procurer de grands avantages si nous savons l'utiliser. Aucune plante ne dégénère plus facilement, ou plutôt ne s'acclimate aussi promptement que le tabac. Quand on tire des graines de climats plus favorisés, leur rendement est, au commencement, très-considérable; mais cet avantage n'est pas de longue durée. Comme nous le verrons plus loin, il faut aussi avoir le plus grand soin de conserver les graines sans mélange, parce que les porte-graines de différentes espèces plantées dans un même jardin se fructifient réciproquement et forment de nouvelles variétés. Dans le Palatinat, on a vu souvent des espèces nouvellement introduites dégénérer et disparaître entièrement. Comme le tabac conserve longtemps sa faculté germinatrice, nous trouvons là un moyen de remédier à l'inconvénient que nous venons de signaler. Quand on possède une bonne espèce, on sème la deuxième année, sur un petit espace, assez de graines pour en récolter pour dix jusqu'à douze ans; on possédera alors, chaque année, la même variété, avec une égale puissance de végétation.

Dans une réunion agricole du Palatinat, un cultivateur déclara avoir pratiqué ce moyen, depuis plusieurs années, avec un grand succès, et qu'il avait remarqué que les anciennes graines germaient plus facilement que les nouvelles.

Mais, soit qu'on se serve de ses propres graines, soit qu'on en achète, il est très-important d'en faire l'essai.

Cet essai consiste tout simplement à mettre quelques graines dans un tissu de laine humecté et replié, de le déposer sur un plat et d'en entretenir l'humidité en le laissant cinq à six jours derrière le fourneau. De petits points blancs indiqueront le commencement de la germination et, par suite, la bonté de la graine.

a) QUANTITÉ DE SEMENCE NÉCESSAIRE.

En parlant des graines, il est nécessaire d'indiquer la quantité qu'on doit mettre sur la couche d'après la contenance des pièces qu'on veut planter en tabac. Sur 36 ares, dans le Palatinat, on plante généralement dix à quinze mille plantes; d'après cela, chaque plante occupe un espace de 24 à 36 décimètres carrés. 15 grammes de semence (5 centilitres) contiennent plus de cinquante mille graines; cette mesure suffirait donc à fournir des plantes à 144 ares; on peut néanmoins compter 15 grammes pour 36 ares, parce qu'une partie des graines ne lève pas et qu'un grand nombre de plants restent en retard quand le semis est trop fourni. Il y a encore à remarquer ici que cela dépend de la grandeur de la couche et principalement de la méthode qu'on emploie. Ainsi, par le repiquage dont il sera question plus loin, l'inégalité de développement n'aura pas lieu, et chaque graine donnera un plant d'égale vigueur.

La quantité de semence à répandre sur une couche varie encore d'après les procédés qu'on emploie et d'après les circonstances. Une faute que commettent, d'ordinaire, les cultivateurs sans expérience, c'est de semer trop de graines.

Qu'on considère la nature d'un jeune plant, et l'on verra que sa première tendance sera d'étaler, à plat sur le sol, d'abord ses deux feuilles séminales et ensuite les quatre suivantes. Si les plants sont trop serrés, ce premier développement normal sera impossible, leur développement sera imparfait et leurs tiges trop élancées. Le planteur ne les aime pas, parce que, après leur transplantation et surtout par un temps sec, la tige prend de trop bonne heure un grand développement. La croissance d'un plant isolé est, au contraire, tellement forte, que, malgré une interruption de huit jours dans la végétation après le repiquage, ce plant présente encore le plus d'avantage.

Dans une couche de 20 mètres carrés on sème, d'ordinaire, 15 grammes de semence. D'après cela, il y aura un plant par 4 centimètres carrés. Huit jours après les semailles, il est prudent de semer encore une fois la même quantité pour parer à divers inconvénients, comme à la non-réussite des premières graines ou aux dégâts des limaces. Si l'on a l'intention de repiquer les plants, on peut semer plus épais : 15 grammes par 36 décimètres carrés.

b) PRÉPARATION DE LA SEMENCE.

Il faut beaucoup de temps à la graine pour germer, et, si on la mettait tout simplement en terre, elle resterait deux à trois semaines avant que de s'ouvrir; il y a donc grand avantage à faire germer artificiellement les graines. En 1851, on en fit l'expérience : on sema en même temps, sur une couche de jardin, de la graine germée et non germée; la première leva quinze jours avant la seconde. Dans les printemps froids et humides, un grand nombre de graines germées pourrissent, surtout sur les couches mal faites; néanmoins la pratique démontre qu'on retire un grand avantage en faisant germer les graines, et chaque planteur sait qu'il faut constamment tenir de la semence en réserve pour en semer de nouveau au besoin.

Le mode de germination est analogue à celui qu'on emploie pour l'orge : l'air, la chaleur et l'humidité doivent exercer leur action sur la graine. A cet effet, on ramollit la semence en la mettant, pendant toute une journée, dans de l'eau chaude ; on la laisse égoutter pendant la nuit en la suspendant dans un sachet (dans lequel on pourra mettre du sable, des cendres et d'autres corps capables d'amollir les graines) fait d'un tissu peu serré, dans un endroit où la chaleur soit constante, derrière le fourneau ou dans l'étable. Au bout de quatre jours la germination. commence. Pendant ce temps les graines doivent être tenues bien également humides ; à cet effet, on les retourne journellement et on les asperge d'eau chaude.

Un autre procédé pour faire germer les graines consiste à les mélanger avec une terre très-légère et perméable ; celle qui se trouve dans la cavité du tronc des vieux saules convient le mieux ; ce mélange est placé dans un local chaud et constamment tenu humide par un linge imbibé d'eau ; si la graine est bonne, elle ne tarde pas à se fendre pour laisser sortir le germe ; il convient, en général, de la semer dès qu'on remarque des points blancs à sa surface, car, si le germe est trop développé, on risque de le briser et il périt facilement lorsque la température devient défavorable.

Le moment auquel on doit semer la graine est variable, et dépend de la température ; si le sol est froid et humide, les germes ne doivent pas être très-développés ; mais si le terrain est chaud, ou si l'on sème sur une couche artificielle, c'est un avantage que d'avoir des graines dont les germes aient déjà 1 à 2 lignes de long.

c) **SEMAILLES.**

L'égale répartition de la semence est un point important,

et nulle plante ne présente, sous ce rapport, autant de difficultés que la graine de tabac à cause de son extrême petitesse. Pour mieux faire ce travail, on mélange la semence avec trois à cinq fois autant de substances blanches, comme de la cendre, du plâtre, etc., afin de bien voir, en semant, les endroits où l'on a jeté de la graine ; par ce procédé on parvient à répandre la semence assez uniformément ; mais, avec la plus grande attention possible, on n'atteindra jamais une division aussi égale que le permet le repiquage.

Après les semailles on répand, à l'aide d'un tamis, une terre très-fine (compost) à la surface de la couche ; un simple arrosement d'eau tiède suffit souvent pour enterrer la graine ; si l'on enfonçait la graine de $0^m,03$ à $0^m,06$ dans la terre, elle ne lèverait pas. Les occasions de le remarquer n'ont pas manqué : ainsi, sur une couche de jardin où l'on avait fait mûrir, six ans auparavant, des plantes de *N. rustica*, des plants se montrèrent, chaque printemps des années suivantes, sans nouvelles semailles, preuve de la longue durée de la faculté germinatrice et de la nécessité de laisser les graines près de la surface.

Quand le semis est fait, on le tient couvert pendant deux jours avec les abris que nous avons décrits ; dans les huit jours suivants, on ne le découvre que lorsque les rayons de soleil le réchauffent, et on l'arrose avec de l'eau chauffée à 20° R. dès que la surface se dessèche.

La semence ne tarde pas à germer et à montrer ses petites feuilles pointues et cordiformes (pl. VIII, fig. 41, *a, b*). — Les différents travaux que nécessite une couche à tabac ne se suivent pas dans un ordre déterminé, mais dépendent des circonstances atmosphériques.

6) SARCLAGE.

Le sarclage sur les couches à tabac est une main-d'œuvre de longue durée, parce que les mauvaises herbes, surtout au commencement, ne doivent pas devenir trop grandes, sans quoi leurs racines se fortifient, et l'on arrache avec elles un grand nombre de plants. Dès qu'on aperçoit les mauvaises herbes, on doit les arracher immédiatement. Pendant les huit semaines que les plants restent sur la couche, le sarclage doit être fait quatre à six fois. Quelque précaution qu'on prenne, on ne peut éviter d'enlever de la terre et de découvrir les racines; pour cette cause, on répand, à la main ou avec un tamis, de la terre sèche, très-fine, sur la couche après chaque sarclage, et l'on arrose immédiatement pour fermer les cavités qui se sont formées. Avant l'arrosement, surtout quand le sol est sec, il peut être avantageux de presser légèrement le sol avec une planche.

7) MANIÈRE DE RECOUVRIR LES PLANTS.

On recouvre les plants avec de la terre de compost fine, tamisée et sèche ; en voici le but :

1) Par les fréquents arrosements et la prompte décomposition de l'engrais, la terre de la couche s'abaisse, l'eau en enlève une partie considérable sous les feuilles, et une partie des racines sont (pl. VIII, fig. 42, *a*) mises à jour ; en répandant de la terre sèche et en arrosant, on les recouvre, et les petites feuilles s'étendent de nouveau sur le sol selon leur tendance naturelle (pl. VIII, fig. 42, *b*).

2) La terre qu'on répand sur la couche sert en même temps d'engrais, car par les fréquents arrosements les substances solubles de l'humus sont entraînées au fond, où les radicelles qui n'ont tout au plus que $0^m,03$ de long, ne peuvent les atteindre ; c'est pour cette raison qu'on emploie la terre de compost pour en tenir lieu.

8) ENGRAIS MIS A LA SURFACE.

Ce but est atteint en partie par l'emploi de la terre de

compost dont nous venons de parler ; on se sert néanmoins encore d'autres substances organiques qui sont mises sur la couche, sous une forme très-divisée ou en dissolution dans l'eau.

Les engrais suivants exercent l'action la plus forte : la drêche, le purin, le sang, la fiente de pigeons délayée dans l'eau.

Les engrais liquides ne doivent être employés qu'avec les plus grandes précautions. Veut-on produire un prompt effet, on emploie le purin, qu'on mélange avec une égale quantité d'eau ; on en arrose les plantes le soir, et on fait suivre cet arrosement immédiatement d'un autre d'eau pure, pour ne pas laisser séjourner le purin sur les petites feuilles. La meilleure application consiste à en ajouter très-peu à l'eau dont on se sert pour les arrosements ordinaires, $0^{lit.},57$ sur 15 litres.

Les couches pourvues de châssis vitrés doivent encore être traitées avec plus de ménagement, parce que l'action du soleil, fortifiée par les verres, peut faire un bien plus grand tort aux plants arrosés avec du purin.

Les engrais inorganiques, comme le plâtre, les cendres, peuvent être mis sur la couche sans danger pour les plants, dans la proportion de $7^{lit.},5$ par 22 mètres carrés ; néan-moins en prenant la précaution d'arroser après avoir répandu ces substances sur la couche.

Lorsque les plants sont languissants par suite d'une trop grande humidité, on emploie, avec succès, de la poussière contenant beaucoup de parties siliceuses (poussière de route).

9) ARROSEMENTS.

L'arrosement est nécessaire quand la surface de la couche commence à se dessécher, parce que, les petites racines ne trouvant bientôt plus d'humidité dans le sol, les plants périraient.

Voici les précautions à prendre :

1) Qu'on ne se serve que d'eau chaude d'une température de 15 à 20° R., quand les plants sont encore petits ;
pour l'obtenir de la manière la plus simple, on met dans
un endroit bien exposé au soleil, près de la couche, un ba-
quet d'eau et la chaleur du soleil suffira pour l'élever à une
température convenable ; l'eau de rivière est à préférer à
l'eau de puits.

2) On ne doit pas arroser quand les rayons de soleil sont
trop vifs, les plants en souffriraient.

Quand les nuits sont chaudes, on arrose le soir, et, si elles
sont froides, le matin. Il peut aussi être avantageux d'arroser
les semis à midi quand la sécheresse est très-grande, en ayant
soin de les recouvrir immédiatement après.

5) La pomme de l'arrosoir doit être percée de très-petits
trous.

10) USAGE DES ABRIS.

Les abris doivent être placés sur les couches immédiatement après les semailles ; quand la semence a levé, ils doivent être écartés autant que possible ; à $+$ 4° R., les couches restent néanmoins toujours couvertes.

Les brusques changements de température étant surtout
nuisibles aux jeunes plants, ils doivent en être préservés
avec le plus grand soin à l'aide des abris. Si les plants, par
suite du manque de soins, ne périssent pas immédiatement,
leur croissance en est très-retardée.

Pour les couches pourvues de châssis vitrés, on a l'obli-
gation difficile, quand le temps de la transplantation ap-
proche, d'accoutumer insensiblement les plants à l'air extérieur.

11) SEMIS TROP ÉPAIS ; PRÉCAUTIONS A PRENDRE POUR LES ÉCLAIRCIR.

Si, par suite d'une semaille inégale, les plants étaient
trop serrés (ce qu'on verra facilement à leur faible crois-

sance), on en extrait une partie avec une fourchette. Les petites excavations qui en résultent sont remplies avec de la terre qu'on y tamise et qu'on fait suivre d'un arrosement. Cette main-d'œuvre ne devrait jamais être nécessaire, parce qu'elle trouble la croissance des plants. S'ils ont déjà 0ᵐ,015 de haut, on pourra éclaircir les endroits trop épais en en arrachant une partie à la main.

12) REPIQUAGE.

La plupart des plantes cultivées dans le Palatinat sont élevées d'après l'une des méthodes que nous venons d'indiquer ; une nouvelle méthode qui l'emporte sur toutes les autres consiste dans le repiquage ou la transplantation des jeunes plants.

D'après ce procédé, les graines sont semées plus abondamment que de coutume dans une couche couverte d'un châssis vitré ; quand les plants ont atteint 0ᵐ,015 de haut, on les accoutume à l'air libre et on les transplante en plein air avec leurs quatre petites feuilles à une distance de 5 centimètres.

Les plants sont repiqués sur un sol bien préparé, soit sur les couches découvertes que nous avons décrites, soit sur une plate-bande de jardin.

Avant d'arracher des semis les plants pour les repiquer, il convient de les arroser fortement avant cette main-d'œuvre, pour détremper la terre afin de pouvoir retirer les jeunes plants sans endommager les racines ; on arrose de même la terre qui doit les recevoir, et, quand elle est un peu ressuyée, on les y transplante avec beaucoup de précautions.

Pendant les deux à quatre jours suivants, les plants doivent être préservés des rayons trop vifs du soleil ; au bout de huit jours, ils sont remis de leur état maladif, et se développent avec une vigueur et une rapidité étonnantes.

On pourrait infirmer que cette méthode est trop coûteuse.

Deux femmes plantent facilement, en un jour, dix à douze mille plants ; cette dépense est encore moindre, si l'on considère qu'en employant ce procédé il faut moins de couches, et que, à l'époque où les plants ont atteint le développement voulu pour le repiquage, la température plus élevée ne fait plus appréhender les gelées ou la neige.

Non-seulement on aura, de cette manière, les plants les plus beaux, mais chaque plant placé isolément, étant enlevé avec la terre qui entoure sa racine, sera transplanté dans les champs, sans que ce changement de sol mette la plante en souffrance ; elle continuera immédiatement à se développer vigoureusement.

13) ANIMAUX NUISIBLES.

1) LA TAUPE.

La taupe ne nuit pas en rongeant les racines ou les feuilles, mais en creusant la terre ; c'est ainsi qu'en peu de minutes elle peut causer le plus grand désordre dans une couche et occasionner un grand dommage aux plants en éboulant la terre et en déterrant les racines ; quand même on repique ces plants, leur végétation s'en ressent. Si les plants sont entièrement développés, le dommage est encore plus considérable, parce qu'ils sèchent sous l'action du soleil le long de l'excavation. Tuer les taupes avec la bêche ou disposer des piéges dans la couche est à considérer comme un mal nécessaire, parce qu'il entraîne toujours la perte de quelques plants. Indiquer les moyens d'éloigner les taupes de la couche serait ce qu'il y aurait de plus avantageux, malheureusement il est difficile d'en trouver qui soient sûrs. Le goudron de charbon de terre a été employé avec quelque succès ; on en enduisit de petits rameaux qu'on plaça dans le passage des taupes ; elles l'abandonnèrent, mais le dépérisment d'une nouvelle rangée de plants en fut la suite. On prétend les chasser entièrement avec de l'huile d'asphalte, de la poix et des poissons pourris. Les taupes recherchent les couches, parce que la grande quantité d'humus qui s'y trouve y attire un grand nombre de vers dont elles font leur pâture.

2) LOMBRICS (VERS ROUGES).

Les lombrics se nourrissent d'humus ; on les trouve partout où l'humus humide est aggloméré en grande quantité. Les vers nuisent également aux plants par les galeries qu'ils creusent près de la surface ; ils éboulent la terre, mettent les racines à jour, et les exposent à sécher. Les ravages des vers ont lieu principalement le soir, ou pendant les pluies chaudes ; en conséquence, on peut réparer les dégâts en pressant le sol et en l'arrosant. On peut les détruire de plusieurs manières. Déjà au commencement du printemps, avant d'établir les semis (en pleine terre), on peut en détruire un grand nombre en arrosant avec de l'eau de fumier ; dès que cette eau a pénétré dans le sol, les vers montent à la surface, et périssent dans le purin qui s'y trouve. Si les vers se trouvent dans une couche déjà ensemencée, on peut les détruire par deux moyens : en les ramassant le soir sur la surface du semis, à la lueur d'une lanterne, ou pendant les pluies chaudes, ou bien de jour, en enfonçant la bêche près des parois de la couche et en donnant des coups secs ; les vers, se croyant poursuivis par les taupes, se hâtent de gagner la surface du semis, d'où on les enlève facilement.

3) LIMACES.

Les limaces sont les plus redoutables ennemis d'un grand nombre de nos plantes : dans les champs, comme dans les jardins, elles exercent de grands ravages ; dans les semis, elles sont souvent la cause du manque de plants.

L'entière destruction des limaces, malgré les nombreux moyens qu'on a indiqués, est presque impossible. Les limaces se cachent pendant le jour dans des endroits humides, sous des mottes de terre, et commencent leurs excursions au commencement de la nuit. L'un des meilleurs moyens de les prendre consiste à mettre, sur la couche, des branches de sureau ou de la verdure de carottes, etc., ou bien des planchettes qu'on a humectées. Le matin, les limaces s'attachent à ces objets humides, et peuvent être enlevées facilement.

Pour détourner leur voracité des plants on répand, sur la couche, de la laitue, des carottes coupées par petits morceaux ; les limaces s'en repaissent, et épargnent les plants. Le soir, on peut également les surprendre sur les semis et les ôter ; le planteur zélé enlèvera souvent, à la tombée de la nuit, à la lueur d'une lanterne, les vers et les limaces. On n'a pas trouvé d'avantage à répandre, le soir, de la cendre ou des balles d'orge.

4) COURTILIÈRES.

Quoique les courtilières soient fort rares , on ne peut pourtant omettre d'en parler, parce qu'elles exercent de grands ravages partout où elles se montrent.

Les courtilières restent en terre pendant le jour; elles y creusent des galeries qui s'entre-croisent, et y font des nids de $0^m,15$ de diamètre et de $0^m,30$ à $0^m,60$ de profondeur ; elles se nourrissent de plantes, et cherchent leur nourriture pendant la nuit; elles nuisent aux semis en rongeant les plants et en creusant des galeries qu'elles font comme les vers dans la région des racines. Les moyens employés pour les détruire sont très-divers ; l'un des meilleurs consiste à enterrer, déjà en automne, à une profondeur de $0^m,6$ dans le sol et dans différents endroits du jardin, des corbeilles remplies de fumier de cheval; au printemps, les courtilières auront fait leurs nids dans ce fumier, et on les enlèvera ainsi toutes en même temps. Se montrent-elles dans une couche, on peut les surprendre avec quelque précaution, le soir après le coucher du soleil ; des pots enterrés dans leurs galeries peuvent également servir à les prendre. Un autre procédé consiste à verser, dans les trous où elles se trouvent, de l'eau mêlée à un peu d'huile ; les courtilières montent aussitôt, et viennent expirer à la surface.

Mais le meilleur moyen d'échapper à tous ces fléaux, c'est de ne se servir que de couches suspendues, et c'est précisément en cherchant à s'y soustraire qu'on en conçut l'idée ; voilà la raison du grand nombre de couches de cette espèce qu'on trouve dans le Palatinat, dans les villages situés dans les bas-fonds et qui possèdent un sol riche en humus.

Ces couches, plus coûteuses que les couches ordinaires, compensent largement ce désavantage en mettant les plants à l'abri de tout ce qui pourrait leur nuire.

Comme nous l'avons dit précédemment, la drêche, mise en grande quantité à la surface des semis et mélangée à la terre en forte proportion, a également la propriété d'écarter les animaux nuisibles.

CHAPITRE II.

CULTURE DU TABAC DANS LES CHAMPS.

1) ASSOLEMENT.

Les plantes ne réussissent complétement que lorsqu'elles trouvent largement toutes les choses nécessaires à leur subsistance ; si ces conditions se trouvent réalisées tous les ans au même degré dans les mêmes terres, la végétation des plantes restera la même. Ceci est vrai dans un grand nombre de cas, et pourrait l'être pour le tabac : mais l'expérience nous apprend, en général, qu'il y a grand avantage à ne pas cultiver constamment les mêmes plantes sur les mêmes pièces, parce que nos différentes plantes à culture ont besoin de substances diverses ; les unes demandent plus de substances organiques, d'autres plus de substances inorganiques. Ainsi les récoltes cultivées à la houe, qui exigent que la terre reçoive de nombreuses façons, provoquent la formation de l'acide silicique, que ces plantes n'absorbent pas, et qui convient particulièrement au blé dont la culture suivra celle-ci. D'après cela, il ne serait pas avantageux de cultiver constamment les mêmes plantes ; mais on devra alterner les espèces d'après leurs besoins, de manière à profiter de toutes les richesses du sol.

Le tabac, comme il ressort de sa composition chimique, demandant une grande quantité d'engrais organiques, ouvrira constamment le système d'assolement pour utiliser les principes volatils de l'engrais, qui se dégagent en plus grande quantité la première année. En Alsace et en Alle-

magne, le tabac est toujours planté après une nouvelle fumure; le blé, le trèfle le suivent.

Dans le Palatinat, les prix élevés du tabac portèrent les
cultivateurs à le cultiver dans les mêmes pièces, déjà la
troisième année, après les avoir, toutefois, fumées de nouveau; on en vint même à cette seule succession : tabac,
épeautre.

Puisque le profit qu'on retire de la culture du tabac n'est
considérable qu'autant qu'on produit de grandes et belles
feuilles, nous devons recommander le mode de culture ci-
dessus, parce que, d'une part, les substances inorganiques
accumulées (acide silicique, etc.) sont utilisées, et que,
d'autre part, l'humus, nécessaire au tabac, peut se former.
Le sol le plus léger, comme le plus compacte, se transfor-
mera, de cette manière, en excellent champ de tabac. Mais
nous ne devons pas oublier que, si toute une propriété est
cultivée de cette manière, il faudra une grande quantité de
bestiaux; et, comme la production du fourrage n'entre pas
dans cette rotation, il faudrait l'acheter. On ne pourra donc
utiliser qu'une partie de la propriété de la manière indiquée, et l'engrais qu'elle nécessitera devra être calculé et
produit par le système d'assolement de l'autre partie.

Faute d'en tenir compte, un grand nombre de planteurs
se ruinent même en livrant les plus beaux produits, à cause
de la nécessité à laquelle les force leur culture exclusive
d'acheter les denrées alimentaires et le fourrage.

Si un terrain ne se distingue pas particulièrement par
une grande abondance d'humus, on n'obtiendra que de
petites feuilles par la rotation suivante, très-usitée dans
le Palatinat : tabac, betteraves avec fumure, froment, orge,
trèfle ; froment avec une demi-fumure, pommes de terre,
avoine.

Les Hollandais, pour cette raison, conservent leurs champs
de tabac, les fument chaque année, et obtiennent ainsi un
rendement bien supérieur au nôtre; ils ne prennent certainement pas en considération les substances accumulées dans

le sol et qui pourraient être utilisées pour d'autres plantes; et se contentent du rendement considérable en feuilles, et des prix élevés auxquels ils les vendent, ce qui leur rapporte plus de profit qu'en alternant le tabac avec le blé.

Notre avis serait qu'on suivît ce procédé, et que le tabac n'entrât pas dans un système d'assolement, mais qu'il y eût un canton particulier destiné exclusivement au tabac, où la culture fût permanente, ou du moins ne fût interrompue qu'à de rares intervalles.

La place du tabac dans l'assolement influe sur la quantité. Les terrains légers sont favorables à la végétation de cette plante, n'importe la culture qui l'a précédée ; mais, dans les terrains forts à sol compacte, la croissance de la plante trouve plus de facilité, lorsqu'elle suit le chanvre ou toute autre culture sarclée. Les feuilles sont, dans ce cas, aussi moins corsées. Lorsque le tabac est cultivé plusieurs années de suite dans les mêmes terrains, les feuilles perdent leur âcreté, leur parenchyme devient plus fin, et elles gagnent en développement.

2) LABOURS.

Comme nous l'avons dit précédemment, le tabac, pour bien réussir, demande une couche de terre végétale profonde, rendue légère par l'humus ; dans la préparation du sol il faut réagir sur cette propriété, et d'autant plus que la terre sera moins légère. On laboure ordinairement le sol, ou ce qui serait naturellement meilleur, on le retourne à la bêche jusqu'à une profondeur de $0^m,18$ à $0^m,24$, si le sol le permet, une fois avant l'hiver et deux fois au printemps, et on rend ainsi, en choisissant bien le moment des labours, la terre aussi fine et aussi poudreuse que possible.

Comme le tabac demande un sol meuble, travaillé avec soin, et débarrassé de toute mauvaise herbe, il convient de donner des labours fréquents ; toutefois le nombre n'en est pas fixé, il dépend de la nature du sol : si le sol est léger, trois suffisent ; s'il est fort, ils peuvent et doivent même être plus multipliés. L'époque à laquelle ils doivent être faits dépend également des mêmes conditions : le sol léger demande un labour avant l'hiver et deux au printemps ; le sol compacte exige deux labours avant l'hiver et plusieurs au printemps.

La couche de terre végétale règle la profondeur à donner aux labours : en tous cas, ceux du printemps ne doivent pas être plus profonds que ceux de l'automne ; sans cette précaution, de la terre inculte serait amenée à la surface, ce qui rendrait les diverses façons à donner au sol longues et difficiles, et influencerait d'une manière fâcheuse la qualité de la récolte.

3) EMPLOI DE L'ENGRAIS.

Il ressort, de motifs que nous avons déjà indiqués, qu'il est de l'intérêt du planteur de n'amener l'engrais dans les champs que lorsqu'il est en voie de décomposition. Voici comment on atteint ce but dans le Palatinat : on dépose, pendant l'hiver, l'engrais en grands tas sur les champs de tabac en y entremêlant de la terre destinée à absorber les produits de la décomposition. Ces amas de compost sont répartis sur la pièce avant le dernier labour qui doit les recouvrir.

La drèche, les rognures de cornes sont étendues sur les terres à la même époque ; il en est de même de la lizée qu'on verse sur le sol et qu'on recouvre par un labour. Il serait fort avantageux de mettre le fumier aux endroits qu'occuperont plus tard les plantes dont les racines ne traversent pourtant pas toute la couche de terre végétale ; cet usage existe en Hollande.

La quantité d'engrais à employer est variable et dépend de sa nature ; nous renvoyons, pour cela, à notre tableau (page 26), où nous avons donné leur contenance en azote comme le point essentiel à considérer.

Un sol fort donne des feuilles corsées et pesantes, tandis qu'un sol léger rend une récolte moins productive en poids ; mais l'expérience a démontré que cette influence pouvait être modifiée par la quantité et la nature des engrais et par le choix des espèces.

Un terrain fort demande des engrais chauds, tels que le fumier de cheval entremêlé de paille, afin de rendre le sol plus léger et plus perméable.

Un terrain léger exige, au contraire, des engrais plus froids, tels que ceux provenant de la race bovine, plus chargés de matières végétales ; il faut aussi qu'ils soient le plus courts possible, afin que le sol ne devienne pas trop poreux.

Sur un sol léger et chaud, il convient de cultiver une espèce de tabac vivace et peu sensible à la sécheresse, telle que quelques variétés de *Virginie* ; sur un sol fort on doit, au contraire, planter une espèce précoce, telle que certaines variétés de *Maryland*.

4) TRANSPLANTATION.

De toutes les plantes que nous cultivons, nulle n'exige tant de précautions, pour la transplantation, que le tabac. Les betteraves, le colza, sont faciles à transplanter, parce que les racines et les feuilles sont assez éloignées les unes des autres ; mais les petits plants de tabac, dont les racines et les feuilles se touchent presque, demandent à être transplantés avec la plus grande précaution et avec beaucoup d'habileté.

Le champ qui doit recevoir le tabac est égalisé avec la herse après le dernier labour, et ce travail doit rendre la pièce plutôt semblable à un jardin qu'à un champ ; la surface du sol doit être pulvérisée avec soin. Un terrain argileux est hersé et planté *immédiatement* après le dernier labour ; mais on laisse reposer les terrains sablonneux trois à quatre jours, surtout par un temps sec, afin que le sol, en se tassant, devienne plus compacte et, par conséquent, retienne mieux l'humidité.

Pour atteindre ce but, on se sert aussi du rouleau ou d'une grosse planche traînée par un cheval que dirige un garçon de labour placé sur la planche.

Le degré de développement nécessaire des plants, pour la transplantation, dépend du sol et du temps : un sol sablonneux par un temps sec demande des plants plus développés qu'un sol argileux par un temps humide. En général, les plants ont la grandeur nécessaire quand leurs feuilles ont 6 à 7 centimètres de long.

L'extraction des plants de la couche doit être faite avec beaucoup de précaution pour ne pas endommager ou arracher les fibrilles des racines ; pour faciliter ce travail, surtout quand la terre est tant soit peu compacte, on arrose très-abondamment la couche une demi-heure auparavant ; par là, la terre est ramollie et offre moins de résistance.

En général, il faut donner à toute plante assez d'espace dans les champs pour qu'elle puisse atteindre tout son développement sans être gênée par les plantes voisines ; cette remarque est d'autant plus importante pour le tabac que la forme et la valeur de la plante en dépendent.

Les feuilles trop serrées ne recevant que peu ou point l'action du soleil, la décomposition des parties inorganiques se fait plus difficilement ; les feuilles recouvertes auront un aspect maladif pareil à celui des plantes placées sous les arbres.

Les racines de tabac s'écartent de la tige de $0^m,15$ à $0^m,22$ de la tige et ses feuilles de $0^m,50$ à $0^m,60$; mais elles peuvent se croiser un peu sans causer de préjudice à la plante, de sorte qu'on peut admettre un rayon de $0^m,30$ autour de la tige pour l'espace strictement nécessaire à leur développement.

Du reste, le plus ou le moins d'espace à donner aux feuilles dépend de l'espèce qu'on cultive. Il est évident que le défaut d'espace nuira moins aux espèces dont les feuilles sont écartées les unes des autres; les feuilles de tabac de l'espèce dite *Vinzer* et le tabac à *côtes blanches,* se détachant de la tige sous un angle aigu, exigent moins d'espace que les feuilles de tabac d'Amersfort ou de Goundie qui forment un angle droit avec la tige. Sous ce rapport, la fertilité du sol mérite aussi d'être prise en considération.

L'écartement des plantes, en Palatinat et en Hollande, varie entre $0^m,50$ à $0^m,90$.

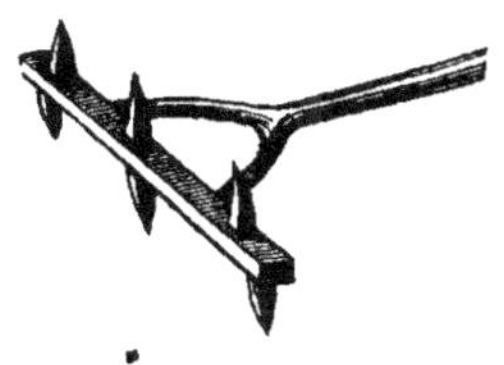

La division d'un champ en carrés se fait ordinairement, en Palatinat, avec un râteau à tabac aussi appelé *marqueur,* instrument en bois (figuré ci-contre) qui doit être assez lourd pour que les dents, en s'enfonçant dans le sol , y creusent des lignes bien visibles; on fixe des crochets des deux côtés à des distances différentes pour tirer des rangées étroites et larges, les unes à côté des autres; on perfore le râteau de plusieurs trous pour placer les dents à volonté.

Au lieu d'un râteau, on emploiera, avec avantage, une corde à laquelle on attachera de distance en distance, selon l'espace qu'on veut mettre entre les plantes, un morceau de papier ou de bois.

On admet, comme règle générale, en Alsace, qu'il doit exister entre les plantes une distance de $0^m,50$ à $0^m,60$. Les rangées doivent être tirées à angle droit, c'est-à-dire que les plantes formeront des lignes horizontales et perpendiculaires à la base. Toutes les rangées qui sont interrompues par la configuration du terrain doivent être disposées sur les côtés de la plantation.

Le meilleur moment pour la transplantation est un temps humide; ne peut-on l'attendre, comme il arrive souvent, on y supplée en arrosant les cavités destinées à recevoir les plantes. Dès que la terre ne se laisse pas peloter dans la main, on doit avoir recours à l'eau. La lizée, mêlée en petite quantité à l'eau qui sert à arroser, produit un excellent effet.

En général, quand le temps est très-sec, la transplantation ne doit être entreprise que l'après-midi ou le soir.

On remue, avec la bêche, la terre aux endroits marqués pour recevoir les plantes, c'est-à-dire qu'on creuse une cavité dans laquelle on laisse·retomber la terre qu'on en a extraite. Après cette opération on arrose, et on ne procède à la transplantation qn'un quart d'heure après.

Quand le ciel est couvert et le temps humide et pluvieux, un ouvrier peut précéder les cultivateurs, et jeter les plants aux endroits où ils doivent être placés ; mais, dans tous les autres cas, chacun doit porter sa provision de plants dans une corbeille. La plantation s'opère en tenant les feuilles de la plante solidement rassemblées dans la main gauche, et en creusant une petite cavité avec la main droite ; on y introduit les racines avec une partie de la tige, et on les comprime légèrement contre la terre. Mais en faisant ce travail il faut surtout faire attention à ne pas laisser pénétrer de la terre entre les feuilles ; on répand ensuite de la terre sèche sur celle qui vient d'être arrosée, pour empêcher que le sol, rendu bourbeux par l'arrosement, ne se recouvre d'une croûte.

Ordinairement un ouvrier entreprend deux rangées à la fois ; on ne peut se servir d'un manche de bois pour creuser des cavités, parce que les petites racines des plants n'ont pas besoin de trous bien profonds, et que l'introduction du bois dans le sol (humide) rendrait trop compacte la terre humectée par l'arrosement.

Ces soins, si méticuleux et si pénibles, ne sont pas seulement en usage dans le Palatinat, mais encore dans l'Amérique du Sud, où l'on recouvre chaque plant d'une feuille pour le préserver des rayons trop ardents du soleil.

Deux jours après ce travail, on retourne sur la pièce pour s'assurer si chaque plant a pris racine et pour remblayer les cavités.

En général, pendant huit à quinze jours on doit y porter toute son attention, parce que les plants peuvent ne pas avoir pris racine ou avoir été endommagés par les limaces : ce qu'il y a de plus fâcheux, c'est qu'elles rongent souvent le cœur ou bourgeon terminal du plant dont les petites feuilles continuent à croître ; ces plants, ainsi tronqués, doivent être arrachés et remplacés. Dans les années pluvieuses, on fait constamment la triste expérience qu'en vue du remplacement des plantes il faut élever sur les couches presque le double du nombre de plants nécessaire.

Les taupes se présentent de nouveau ici comme des ennemis dangereux en minant le sol sous les plantes et en provoquant ainsi leur dépérissement.

5) **ENGRAIS DONNÉS AUX PLANTES DANS LES CHAMPS.**

Comme nous l'avons dit précédemment, le tabac a besoin, dans un court espace de temps, d'une grande quantité de substances organiques ; on ne peut satisfaire ce besoin qu'en apportant des engrais produisant un prompt effet.

L'engrais mis en terre avant la plantation suffit à peine ; c'est pour cette raison qu'à l'époque du plus grand développement de la plante on ajoute, avec succès, des engrais produisant un effet instantané. Sous ce rapport, la lizée est presque l'unique engrais qui réponde à ce but, et, quelque difficulté que présente son emploi, le planteur intelligent en fera usage constamment, non pas une fois, mais souvent deux à trois fois.

Le premier arrosement doit précéder le premier travail à la houe (sarclage) pour donner aux plants une nourriture convenable ; le deuxième, si cela est nécessaire : le troisième arrosement a lieu avant ou après le binage, et tombe, par conséquent, à l'époque du plus grand développement de la plante.

Ici il y a plusieurs choses à remarquer.

D'abord cet arrosement ne doit jamais être fait quand le soleil échauffe les plantes, parce que les feuilles arrosées en éprouveraient un dommage réel ; on fera mieux d'attendre, s'il est possible, un temps pluvieux ; on devra plutôt arroser le soir que le matin. Pour les jeunes plantes, on a moins de soins à prendre, parce que leurs petites feuilles n'auront, plus tard, que peu de valeur ; par contre, quand les plantes sont plus âgées, au deuxième arrosement il faut apporter plus de précautions ; on a inventé, à cet usage, un arrosoir

à tuyau recourbé, qui rend les plus grands services ; on compte $0^{litre},57$ jusqu'à $0^{litre},75$ de lizée par plante.

Le sang employé de la même manière produit un effet très-énergique.

L'eau d'ammoniaque provenant des usines de gaz à éclairage ne peut servir à cet usage que mélangée avec au moins 2/3 d'eau ; sans cela, on aurait à craindre son effet trop corrosif.

L'emploi d'autres substances d'un effet moins prompt ne saurait être avantageux que dans les années humides ; cependant la drèche est souvent employée avec succès à cause de sa rapide décomposition ; mais on doit l'enfouir près de la tige pour en hâter la décomposition par un degré d'humidité plus égal.

6) TRAVAUX QUE NÉCESSITENT LES PLANTES DANS LES CHAMPS.

Aussitôt que les plantes ont pris racine, ce qui a lieu environ quinze jours après la transplantation, on commence le premier travail à la houe (sarclage).

Cette main-d'œuvre doit être faite avec un soin particulier.

Quand les plantes sont rapprochées, le cultivateur entreprend deux rangées à la fois, et les réunit en une étroite plate-bande, pl. IX, fig. 54, mais si l'écartement en est considérable, environ 0ᵐ,75, on travaille chaque rangée séparément, pl. IX, fig. 55. En opérant sans précaution on risque de jeter de la terre entre les feuilles ; pour l'éviter, on tient les feuilles de la plante rassemblées dans la main gauche, jusqu'à ce qu'on ait fini de piocher la terre à l'entour ; en retirant la main gauche, la terre répandue autour de la main est rejetée, et la plante se trouve dans une petite cavité, pl. IX, fig. 55.

Environ trois semaines après ce travail, suit le binage ; la terre est ramenée un peu plus haut, de sorte que les plantes paraissent buttées, pl. IX, fig. 56. Pendant ce travail on doit encore préserver les plantes de la terre qui pourrait tomber entre les feuilles, en les réunissant dans la main gauche. (On appelle cette main-d'œuvre, dans le Palatinat, *mettre sur cornets*.)

Un troisième travail (buttage), nécessaire surtout après de fortes pluies et dans les champs qui ont beaucoup de mauvaises herbes, se fait de la même manière que ci-dessus. La pioche dont on se sert pour les champs de tabac ne diffère guère de la forme de celle qui sert à butter les pommes de terre ; la seule différence consiste dans la longueur raccourcie du manche, qui ne doit pas avoir plus de 0ᵐ,90 de long.

7) ÉCIMAGE.

En élaguant quelques parties isolées des plantes, on procure aux autres un plus grand développement ; après la fleuraison de la vigne, en été, on coupe l'extrémité des nouvelles pousses pour concentrer tous les sucs dans les fruits. Les pêchers, les abricotiers, les arbres nains, etc., sont taillés pour la même raison ; on arrache les boutons floraux des oignons, pour procurer plus de développement anx bulbes ; c'est pour le même motif qu'on enlève les boutons à fleur du tabac, pour donner plus de développement aux feuilles ; on appelle cette opération *écimage*. L'écimage doit être fait dès que les boutons à fleur penvent être enlevés complétement. Si l'on commençait ce travail trop tôt, c'est-à-dire quand le pédoncule est encore très-petit, on nuirait souvent aux feuilles qui n'ont pas encore atteint tont leur développement ; en les brisant en partie, elles continueraient à croître, mais elles ne pourraient être d'aucun usage. Un écimage trop tardif, quand les boutons à fleur commencent déjà à s'ouvrir, a pour résultat un moindre développement des feuilles.

Le nombre de feuilles à laisser sur la tige dépend surtout du but particulier qu'on a en vue. Il est à remarquer qu'à l'époque de l'écimage il ne faut pas compter les trois à quatre feuilles inférieures qui, n'étant douées que d'une faible croissance, sont hors d'usage quand la plante a atteint sa complète maturité.

L'expérience a fait poser en règle que « plus on veut produire de grandes feuilles, moins il faut laisser de feuilles sur pied. » On a fait l'essai de ne conserver que deux feuilles sur une plante : elles acquirent un tel développement, que le pétiole ou nervure médiane ne fut plus assez fort pour soutenir le poids du parenchyme ; leur propre poids les fit tomber de la tige.

Les grandes feuilles sont certainement mieux payées que les petites ; mais, en ne laissant que peu de feuilles sur les tiges, le grand prix qu'on en obtiendra n'égalera pas la somme qu'on retirerait de feuilles plus petites, mais dont le plus grand nombre et le poids compenseraient la différence de prix.

Quand on a pour but de produire des feuilles propres à

servir d'enveloppes de cigares, on laisse, en général, moins de feuilles, environ six à dix, sinon dix à quinze. Toutes les variétés de *N. tabacum* et de *N. macrophylla* que nous cultivons se règlent sur ce que nous avons dit.

Les plantes qui ont servi à remplacer les pieds manquants se font remarquer, en général, à l'époque de l'écimage, par leur croissance moins avancée, et ne peuvent être écimées que plus tard; c'est pourquoi l'écimage d'une plantation ne pourra jamais être fait en une seule fois.

Les plantes dont la végétation est faible doivent être écimées moins haut, si l'on veut obtenir de beaux produits. Il est encore à remarquer qu'il n'est pas nécessaire de compter à chaque plante le nombre de feuilles qu'on veut y laisser, mais qu'on ne le fait que sur les premières plantes, et on détermine, d'après celles-ci, la hauteur des autres pieds de tabac.

N. rustica forme une exception : on ne l'écime pas, parce que les feuilles n'acquièrent ni plus de poids ni plus de valeur en enlevant à la tige les boutons à fleur. La disposition naturelle de cette plante à se ramifier est trop forte pour que la culture puisse la vaincre.

8) ÉBOURGEONNEMENT (GITZEN).

A peine a-t-on enlevé par l'écimage les boutons à fleur, que la séve commence à produire de nouveaux bourgeons, et le suc, en partie détourné des feuilles, tendra à former des rameaux pour remplacer le bourgeon terminal. Les rameaux qui se développent des bourgeons situés sous l'aisselle des feuilles, et qu'on appelle rejetons (gitzen), doivent être ôtés avec soin, parce qu'ils enlèvent inutilement les sucs destinés aux feuilles.

Une observation attentive fait découvrir trois bourgeons

sous l'aisselle de chaque feuille ; un bourgeon principal et deux bourgeons secondaires, qui ne se développent qu'après la destruction du premier. Si nous laissions, par conséquent, dix feuilles sur pied et que de l'aisselle de chacune d'elles sortissent trois rejetons, nous aurions à élaguer trente rameaux à chaque plante, ce qui ferait cent quatre-vingt mille par 20 ares ; il n'en est pourtant pas ainsi, surtout si les plantes sont serrées ; il n'y a que les bourgeons des quatre à cinq feuilles supérieures qui acquièrent du développement ; les autres par défaut de lumière ne se développent pas ou très-peu. Quelques espèces se distinguent par la production de moins de bourgeons, notamment le *goundie* et l'espèce dite *duttentabac*. Comme nous l'avons déjà remarqué, les bourgeons secondaires ne se développent pas en même temps que le bourgeon principal, mais seulement après sa destruction ; à cela vient encore se joindre l'inégal développement des plantes ; toutes ces causes obligent à visiter les champs de tabac tous les trois jours, à partir du moment de l'écimage jusqu'à huit ou quinze jours avant la récolte.

L'ébourgeonnement s'opère avec les doigts en pinçant et en enlevant ainsi le rejeton ; toutefois il faut prendre la précaution de ne pas trop blesser la plante ; il n'est ni nécessaire ni prudent de les ôter trop près de l'aisselle de la feuille, parce que les deux autres bourgeons se développeraient trop rapidement. Ce travail ne doit, dans aucun cas, être fait par un temps humide ; les feuilles, regorgeant alors de séve, sont roides et cassantes, et seraient arrachées ou endommagées au passage des ouvriers ; il en serait de même si l'on faisait ce travail de grand matin, pendant la rosée. Qu'on l'entreprenne par un temps sec, à l'heure de midi, où le soleil donne le plus de chaleur, moment où ses rayons, ayant absorbé l'eau des plantes, font retomber les feuilles mollement le long de la tige.

9) ACCIDENTS QUI PEUVENT SURVENIR AU TABAC DANS LES CHAMPS.

a) ANIMAUX NUISIBLES.

Nous avons déjà énuméré les dégâts que les taupes et les limaces occasionnent au tabac, surtout dans les premiers jours de la transplantation ; le planteur laborieux débarrassera ses plantes de ces dernières le plus souvent qu'il lui sera possible ; quant aux taupes, le cultivateur devra avoir recours aux procédés ordinaires pour les prendre.

Les chenilles provenant de petits papillons de la famille des *noctuaceæ*, principalement les *plusia gamma*, L., nuisent au tabac, quand il a pris un certain développement, non-seulement en rongeant le parenchyme, mais encore en se creusant des cavités dans l'épaisseur de la tige, et ordinairement dans le bourgeon terminal : c'est ainsi que nous voyons les plantes les plus vigoureuses dépérir soudainement, sans cause apparente. Souvent une feuille remplie de séve pend le long de la tige sans avoir été froissée ; mais, en considérant attentivement la côte de la feuille, on y remarquera une cavité occupée par cette espèce de chenille.

Leur présence est facile à reconnaître aux petits excréments noirs qu'elles déposent sur les feuilles, et, en les cherchant avec soin, on les trouve d'ordinaire sous l'aisselle des feuilles, mais plus souvent, quand la plante a été remuée, roulées en cercle sur le sol.

La nicotine, qui se forme de bonne heure dans les feuilles et en rend le goût amer, ne suffit pas pour en éloigner les insectes ; les sauterelles exercent parfois de grands ravages dans les plantations.

b) MAUVAISES HERBES.

Parmi les mauvaises herbes, il n'en est pas qui occasionnent au tabac un tort réel, si ce n'est l'*orobanche*, également nuisible au chanvre ; plante parasite, qui vit sur les racines d'autres végétaux. — L'orobanche se montre après le binage, et se ramifie si rapidement, que, dans l'espace de trois à quatre semaines, une seule pousse en produit cinquante à cent qui entourent la tige de tabac ; la végétation de la plante s'en ressent immédiatement, elle décline rapidement ; les feuilles jaunissent et la plante dépérit bientôt complétement. Dès que l'orobanche s'est montrée, la récolte est perdue ; il est presque impossible de l'extirper. En abattant, avec la houe, les premières pousses, la plante se stratifie d'autant plus rapidement dans le sol. L'orobanche lève de graines ; toute l'attention du planteur doit donc se porter à ne pas laisser se développer une semence si nuisible. Par une rotation de culture bien entendue on l'extirpera d'un champ ; ainsi l'orobanche ne croît pas sur les racines du blé, des pommes de terre et des navets, et, en cultivant ces plantes , la graine d'orobanche se détériorera dans le sol.

On a souvent fait l'observation qne les champs de tabac infestés par cette mauvaise herbe avaient reçu des engrais provenant des forêts ; c'est à cette cause qu'on peut attribuer, dans bien des cas, la présence de cette funeste plante.

c) POURRITURE.

Le tabac est souvent attaqué d'une maladie qu'on désigne sous le nom de *pourriture*, et qui provient probablement des dégâts des chenilles dont il a été question précédemment. Par un temps humide continu, la pourriture attaque souvent la partie inférieure des tiges, surtout si les plantes ont été buttées peu de temps auparavant, et que les feuilles, recouvertes, en partie, de terre , commencent à devenir jaunes et à dépérir.

Le remède le plus simple, c'est d'écarter la terre de la tige, et la racine ne sera pas attaquée par la pourriture.

d) **ROUILLE.**

La rouille consiste dans le desséchement partiel (brunissement) du parenchyme; les cellules se dessèchent en certains points et le chlorophylle se décolore. De pareilles taches de rouille constitueut le caractère distinctif des tabacs de la Havane; en Allemagne on imite ces taches sur les cigares, parce que les taches de rouille de nos tabacs sont, le plus souvent, trop grandes, et prennent tant d'extension, que la feuille en devient cassante et impropre à la fabrication.

La rouille se déclare quand les circonstances atmosphériques ne sont pas favorables à la plante : elles exercent une influence plus ou moins fâcheuse, selon que les tabacs sont acclimatés ou non. Dans les jardins de la Société d'agriculture de Heidelberg, où l'on cultive des tabacs provenant des contrées les plus diverses, l'on a pu observer les différents degrés de rouille sur les espèces indigènes et exotiques; les tabacs de la Grèce en sont toujours attaqués. Il en est de même de ceux de la partie méridionale de l'Amérique; ceux de l'Amérique du Nord en sont rarement entachés.

Dans de très-mauvaises années, c'est-à-dire par un temps humide et froid, nos espèces, même celles qui résistent le mieux à la rouille, en sont atteintes, mais dans ce cas encore il y a des différences; ainsi le *duttentabac* et le *vinzer* se rouillent plus facilement que le tabac d'*Amersfort*.

Une autre cause de rouille vient d'une fumure trop abondante en principes azotés; par exemple, d'un arrosement trop copieux de lizée ou d'une trop grande quantité de fumier de cheval ou de mouton, d'une quantité surabondante de guano ou de fiente de pigeon.

Le desséchement partiel de la feuille a encore lieu quand ou a détourné, dans le parcours d'un champ, les feuilles de leur direction naturelle; il se forme ainsi des cavités dans lesquelles séjourne l'eau de pluie; alors, sous l'influence des rayons solaires, ce ne sont plus des points isolés qui se dessèchent, mais des demi-feuilles tout entières.

Quand la rouille a apparu, il n'y a plus de remède; cependant, si l'année était peu avancée, on pourrait enlever les feuilles rouillées, et laisser pousser un ou deux rejetons qu'on traiterait comme de nouvelles plantes. Les causes qui provoquent la rouille doivent être prévues lors de la plantation.

e) GELÉES BLANCHES.

Les gelées nuisent aux champs de tabac, surtout au temps de la récolte, et principalement aux tabacs qui ont été plantés très-tard et qui n'arrivent à leur maturité qu'à la fin de l'automne.

Dans cette saison, il faut donner la plus grande attention aux champs situés dans les bas-fonds, dans le voisinage de prairies humides, où la température tombe facilement sous le point de congélation. Si, dans une nuit, la séve a été gelée dans les cellules de la feuille, elle retombe mollement le long de la tige dès que le soleil la réchauffe; quelques jours après elle brunit et se flétrit, devient cassante à la pente, et ne peut plus servir à aucun usage. Le meilleur moyen d'éviter ce mal consiste à cueillir les feuilles aussitôt qu'on peut prévoir un pareil temps, même si les feuilles ne sont pas mûres. Les trouve-t-on gelées le matin, on les détache immédiatement et on les rentre dans les séchoirs; alors elles ne deviennent pas cassantes, et conservent presque toute leur qualité; souvent par un arrosement des feuilles gelées sur pied, on parvient à prévenir les suites fâcheuses de la gelée.

f) VENTS VIOLENTS.

Les vents violents sont très-préjudiciables au tabac dont

les feuilles se détachent facilement. Il faut, avant tout, choisir un champ qui soit à l'abri des vents. C'est ici le cas de rappeler les enclos de fèves et de thuyas dont les Hollandais se servent pour protéger leurs plantations contre les vents de mer.

g) GRÊLE.

Quand la grêle frappe les plantations en été, le dommage est d'autant plus grand que l'époque est plus avancée ; si l'on ne peut soustraire les plantes à ce sinistre, on peut du moins, en partie, réparer le dommage. La grêle a-t-elle frappé les plantes avant l'écimage, on fera bien d'enlever toutes les feuilles endommagées, de laisser subsister le bourgeon terminal, et d'écimer plus haut qu'on ne l'aurait fait ; un rendement peu considérable en sera le résultat. Si les plantes sont déjà écimées, le dommage est encore plus grand et moins facile à réparer ; on cueille, dans ce cas, les feuilles grêlées, et on coupe la tige privée de ses feuilles à 1 pied au-dessus du sol. Les rejetons ne tardent pas à se montrer, on en laisse un ou deux, et on retranche les autres. Ces rejetons sont de nouveau écimés très-bas, et traités comme auparavant toute la plante. Si la saison n'est pas avancée, on obtient, par ce moyen, encore de fort belles feuilles. Ces essais furent tentés en 1851 et couronnés d'un plein succès.

10) RÉCOLTE.

La cueille du tabac est, avec la préparation subséquente, une des opérations les plus difficiles, et ne peut être menée à bonne fin qu'avec la plus grande attention.

Avant d'entrer dans de plus amples développements, nous allons parler de sa maturité.

a) MATURITÉ.

Peu de temps après que le tabac, par l'écimage et l'ébourgeonnement, a été rendu incapable d'atteindre son développement normal, il dépérit ; de petites taches jaunes isolées entre les nervures secondaires en sont le premier indice ; elles sont très-visibles quand on les considère contre le jour ; ces taches s'agrandissent et couvrent bientôt toute la feuille, de sorte qu'elle n'apparaît plus sous une fraîche couleur verte, mais jaune clair, comme marbrée ; en même temps les pointes et les bords se recoquillent.

Dans quelques espèces, la feuille commence à devenir gluante. Ceci est, en général, le signe de la maturité, qui arrive ordinairement à la fin d'août, ou dans la première moitié de septembre ; en laissant les feuilles plus longtemps sur pied, elles finissent par se dessécher.

La maturité n'arrive pas pour toutes les feuilles en même temps, mais seulement par degré de bas en haut ; pendant l'écimage et l'ébourgeonnement, les feuilles les plus basses commencent à se dessécher.

D'après cela, nous trouvons différents degrés dans la maturité des feuilles d'une même plante, et la cueille devrait en être faite à plusieurs reprises.

Mais ce que nous avons posé comme signe de maturité n'est pas admissible dans tous les cas. Comme nous l'avons remarqué en traitant du choix des espèces, le tabac sert à différents usages d'après lesquels le degré de maturité doit varier.

Pour les cigares, par exemple, on exige que l'enveloppe soit mince (résistante), tenace ; pour obtenir ce résultat il faut opérer la cueille des feuilles quand elles sont encore vertes, et que les taches jaunes sont en petit nombre et peu marquées.

Une feuille plus avancée en maturité a un parenchyme plus épais et plus cassant, qui acquiert, à la pente, une belle couleur jaune, très-recherchée pour le tabac à fumer.

Il est impossible de décrire plus minutieusement le moment de la maturité ; l'expérience doit guider le planteur, surtout pour les feuilles qu'il destine à servir d'enveloppes de cigares.

Comme nous venons de le dire, la maturité se déclare sur les feuilles placées aux différentes hauteurs de la tige en des temps variés, et c'est pour cette raison qu'on ne doit pas commencer la récolte de toutes les feuilles en même temps.

En Hollande, la récolte se fait en trois périodes séparées par un intervalle de quinze jours à trois semaines.

Deux plantes de l'espèce dite Goundie, que nous désignerons par a, b, dont on enleva les feuilles de terre à l'époque de leur maturité et dont on laissa subsister les feuilles supérieures, donnèrent les résultats suivants :

	FEUILLES SUPÉRIEURES	
	à l'époque de la cueille des feuilles de terre.	à l'époque de leur propre maturité.
a) Longueur.	0ᵐ,729	0ᵐ,780
Largeur.	0ᵐ,315	0ᵐ,330
b) Longueur.	0ᵐ,765	0ᵐ,825
Largeur.	0ᵐ,405	0ᵐ,450

Sur une autre plante on laissa (toutes les circonstances étant les mêmes que tantôt) toutes les feuilles sur pied jusqu'à l'époque de leur complète maturité, et on constata les résultats suivants :

Longueur.	0ᵐ,735	0ᵐ,765
Largeur.	0ᵐ,354	0ᵐ,360

De cet exemple il ressort clairement que les feuilles supérieures se développent plus fortement après l'enlèvement des feuilles de terre. Ajoutez-y la perte en poids et en qualité qu'éprouvent les feuilles de terre en restant sur tige au delà du terme de leur maturité, et on comprendra l'avantage qu'il y a à opérer la récolte en deux périodes ; de plus, la partie de la récolte qu'on a rentrée est à l'abri des accidents qui peuvent survenir aux feuilles, comme la grêle, etc.

b) CUEILLE DES FEUILLES.

La cueille des feuilles ne doit être faite que par un temps sec, de préférence le matin, quand la rosée a disparu. On doit avoir soin de détacher les feuilles au ras de la tige et, autant que possible, enlever la partie de la feuille qui, dans quelques espèces à pétiole ailé et auriculé, est adhérente à la tige. Pour achever de détacher les feuilles, on ne les tire pas de haut en bas, mais de côté ; on a soin, du reste, de ne pas froisser les feuilles et de ne pas enlever en même temps une partie de la tige ou de l'épiderme.

Les feuilles détachées sont alors placées par poignées, d'après leur qualité, au bas des tiges, les côtes tournées vers le haut jusqu'au soir, pour qu'elles se fanent, deviennent souples et souffrent moins du transport ; il s'ensuit naturellement qu'elles sont moins sujettes à se déchirer pendant la mise en chapelets ; elles sont également mieux disposées à sécher, d'autant plus qu'une certaine quantité de parties aqueuses s'est déjà évaporée. Il est facile à comprendre que cette méthode ne peut être employée, soit par un temps de pluie, toujours inopportun pour l'action de la récolte, soit dans le cas où les rayons du soleil auraient, par une rare exception, assez de force pour sécher subitement les feuilles qui conserveraient alors leur couleur verte.

Pour le tabac à la violette (*N. rustica*) on coupe ou l'on arrache, en Allemagne, toute la tige ; procédé qu'on recommandait aussi pour les autres espèces, mais que nos conditions atmosphériques ne permettent pas d'employer, parce qu'en suivant ce procédé les feuilles sèchent difficilement, et, d'après quelques expériences, elles continuent même à croître et à pousser des rejetons jusqu'à ce que la gelée vienne mettre un point d'arrêt à la végétation ; aussi a-t-on entièrement renoncé à ce procédé.

c) PREMIER TRIAGE DANS LES CHAMPS.

Que la cueille du tabac ait lieu en une ou plusieurs

fois, toujours est-il nécessaire d'opérer un premier triage des feuilles. Ce travail, qui occasionne très-peu de retard quand les ouvriers y sont habitués, épargne une grande perte de temps à l'époque du deuxième triage.

Les Hollandais, qui opèrent la cueille en plusieurs fois, ont un triage facile, parce qu'ils enlèvent chaque fois des feuilles qui se trouvent à la même hauteur de la tige et qui sont assez semblables pour la longueur et le développement.

d) TRANSPORT.

Le transport du tabac a plus de difficulté qu'on ne devrait le supposer ; aussi a-t-on proposé différents procédés.

Le mode de transport ordinaire consiste à lier les feuilles en bottes et à les charger ainsi sur la voiture. Pour ménager le tabac, on avait recommandé de charger les feuilles sur la voiture sans les lier ensemble; mais ce procédé a trop d'inconvénients, et ne peut être suivi avec succès que dans le cas où l'on posséderait un grand nombre de paniers de grandeur convenable, qu'on emplirait de feuilles, et qu'on placerait ainsi sur la voiture ; sans cela, en la chargeant et en la déchargeant, on serait obligé de prendre les feuilles par poignées, ce qui entraînerait une grande perte de temps. — En déchargeant les voitures, on échappe avec peine, même en prenant les plus grandes précautions, au danger d'endommager les feuilles les plus extérieures, et de les déchirer ensuite en les mettant en chapelets. On se sert ordinairement de liens de paille pour lier les feuilles en bottes ; ces liens ne doivent pas être minces, mais larges, et entourer mollement les feuilles. Pour lier les feuilles en bottes, on prend l'une des extrémités du lien entre les genoux, on réunit avec précaution les feuilles de même grandeur, on les pose sur le lien ; on tourne alors légèrement chaque bout du lien sur lui-même, puis tous les deux ensemble; on introduit ensuite, avec précaution, entre le lien et les feuilles, la main gauche sur laquelle on forme un simple nœud. Pour ménager davantage les feuilles, un cultivateur du Palatinat a imaginé un procédé qui présente certainement un grand avantage, c'est de se servir, au lieu de lien de paille, de larges bandes formées de grosse toile de lin se rattachant avec des boucles.

L'achat en est certainement un peu coûteux, mais si l'on réfléchit qu'on n'a besoin que du nombre nécessaire au chargement d'une voiture et que, d'ailleurs, en arrivant à la maison, les bottes sont déposées avec précaution, et les bandes ôtées immédiatement; si l'on a soin, en même temps, de les tanner en les passant par l'eau de tan, on leur assurera une très-longue durée.

Les bottes sont placées sur une voiture garnie de paille, de manière qu'en commençant à la partie antérieure et en les superposant par couches en arrive à l'extrémité de la voiture sans qu'on soit forcé de s'appuyer sur une des couches déjà placées. Il faut procéder à ce travail avec beaucoup de précaution, et éviter de superposer un trop grand nombre de bottes, pour ne pas endommager celles qui sont placées à la partie inférieure.

Arrivé à la maison, on dépose les bottes sur les côtes, dans un endroit frais et sec, dans l'aire de la grange ou dans la partie inférieure du séchoir : on les y laisse placées les unes à côté des autres pendant un temps variable; les feuilles de terre pendant vingt-quatre heures, et les grands tabacs pendant deux à trois jours, pour leur faire subir une sorte de fermentation qui les prédispose à prendre plus tard à la pente une belle couleur brun clair.

A la Havane et dans d'autres contrées, surtout dans l'Amérique du Sud, les feuilles restent ainsi pendant quinze jours ; en Hollande, on les laisse également quelque temps réunies. Néanmoins on doit veiller à ce que les feuilles ne s'échauffent trop fortement en les visitant souvent; on prend en même temps la précaution de séparer en deux la partie supérieure des bottes.

Il n'est sans doute pas possible de donner aux feuilles,

une fois récoltées, des principes qu'elles n'ont pas puisés dans la végétation : mais on peut développer ceux qu'elles ont acquis, et obtenir les meilleurs résultats par des soins éclairés. Ainsi il est essentiel que les tabacs, avant d'être mis à la pente dans les séchoirs n°s 1 et 2, soient bien fanés, c'est-à-dire que les feuilles soient flétries, que léur nuance soit devenue jaune, et surtout qu'elles aient perdu une partie de l'eau qu'elles contenaient. Pour obtenir ce résultat, quelques bons planteurs sont dans l'habitude de laisser leurs tabacs *suer en bottes*.

Cette méthode est bonne, mais elle demande des soins particuliers, et surtout une surveillance assidue et bien entendue ; il ne serait donc pas prudent de la conseiller à tous les planteurs indistinctement, et il est bien souvent préférable de laisser, pendant un certain nombre de jours, les chapelets suspendus perpendiculairement, de manière que les feuilles se recouvrent les unes les autres.

Dans cette situation, les parties aqueuses commencent à s'évaporer et produisent ce que l'on appelle une *suée*, mais il devient nécessaire de retourner plusieurs fois ou, pour mieux dire, de renverser les chapelets, en mettant en haut la partie qui était en bas, car, sans ce soin, l'échauffement des portions de feuilles qui ne sont pas aérées ne tarde pas à se produire, et alors la couleur jaune, qui, acquise naturellement, est le signe indicatif d'une bonne qualité, devient, au contraire, par cette circonstance, l'indice d'une fermentation qui ne pourrait que nuire aux tabacs d'Alsace à cause de leur nature faible et aqueuse.

Ce sont surtout les tabacs suspendus le long des murs qui sont exposés au danger de s'échauffer, et qu'il est urgent, pour ce motif, de retourner très-souvent. Les tabacs placés dans les cours, dans les jardins et les vergers ne sont pas moins exposés à être avariés par les pluies continues, qui usent le parenchyme des feuilles et le noircissent.

C'est pour cette raison qu'on ne saurait trop recommander l'usage des fanoirs, où les tabacs sont aérés et fanés à l'abri des intempéries de l'automne.

11) FEUILLES DE REGAIN (GITZEN).

Les feuilles de regain laissées sur pied après la récolte épuisent le sol, et occasionnent une notable diminution dans le rendement des récoltes subséquentes. Au surplus, le gain qu'on en retire, calculé d'une manière très-exacte en Allemagne, prouve d'une manière évidente le tort que se fait le cultivateur en les laissant sur pied. Un arpent badois (56 ares) produisit 2 quintaux (100 kilogr.) de feuilles de regain au bout de quinze jours de végétation ; après les avoir mises en chapelets, à la pente et séchées, on obtint 7 centimes par kilogramme, en tout 7 francs ; à peine si l'on put couvrir les frais.

Mieux vaut couper, avec la houe, la tige au-dessus de la racine et l'enterrer, pour rendre au sol une partie des substances que la récolte lui a enlevées.

CHAPITRE III.

1) MISE EN CHAPELETS.

Les feuilles de tabac contenant 88 à 90 pour 100 d'eau doivent être séchées, ce qui se fait en les mettant en chapelets et en les suspendant dans des locaux particuliers appropriés à leur dessiccation, après les avoir laissées à l'extérieur des bâtiments de la manière indiquée précédemment.

Nous allons examiner la mise en chapelets en usage dans différentes contrées, et le matériel qui est employé à cet effet.

En Alsace et dans le Palatinat badois et bavarois, on se sert de ficelles de chanvre de $0^m,0015$ de diamètre, que les cultivateurs préparent eux-mêmes avec de la filasse. Comme nous le verrons plus loin, les poutres entre lesquelles le tabac est suspendu sont ordinairement à une distance de $0^m,90$ l'une de l'autre; c'est pour cette raison que les ficelles aux deux extrémités desquelles on fait des lacets et qui forment naturellement une courbe doivent avoir une longueur de $1^m,14$. Le meilleur procédé pour partager la ficelle consiste à couper le fil enroulé autour d'un dévidoir auquel on a donné le diamètre voulu. A l'une des extrémités de la ficelle on forme un lacet, l'autre est attachée à l'aiguille à tabac et affermie par un simple nœud. Les aiguilles à tabac fabriquées en laiton ou en fil de fer, pourvues d'un trou pour laisser passer la ficelle, ont environ $0^m,006$ de largeur,

0^m,002 d'épaisseur et 0^m,24.à 0^m,50 de longueur. Pour mettre les feuilles en chapelets, on appuie sur la poitrine la partie de l'aiguille à laquelle est attachée la ficelle, et on la maintient avec la main gauche ; de l'autre main, on prend les feuilles les unes après les autres, et on les perce du côté du revers de la feuille à 0^m,045 de l'extrémité de la nervure médiane, parallèlement à la surface de la feuille, pl. X, fig. 57. Il y a des planteurs qui trouvent plus avantageux de tenir la pointe de l'aiguille dirigée contre le corps et d'y faire entrer les feuilles avec la main droite.

En enfilant les feuilles d'après la manière ordinaire, perpendiculairement à leur surface, il faut veiller à ce qu'elles ne se collent les unes sur les autres à plat, car elles s'échaufferaient à la pente et pourriraient facilement ; par la méthode précédente, elles sont placées de manière à former des plis les unes à côté des autres et sèchent mieux, pl. X, fig. 58.

La distance à observer entre les feuilles doit être telle qu'entre deux on puisse intercaler une troisième. La ficelle est remplie de manière à permettre de former pareillement un lacet à l'autre extrémité. Ces ficelles, ainsi garnies, sont appelées *chapelets*.

Une seconde méthode de mise à la pente usitée en Hollande et dans quelques contrées de l'Amérique consiste à fendre les côtes et à enrouler les feuilles dans des baguettes. Voici la manière de procéder : on place la feuille sur une table de manière que le revers soit en dessus ; avec un couteau recourbé on fend la côte à 0^m,05 de l'extrémité, et on prolonge la fente d'environ 0^m,09 à 0^m,12, jusqu'à l'endroit où la côte devient trop mince. Ces feuilles sont ensuite enroulées dans des baguettes de 0^m,90 à 1^m,20 de longueur et de 0^m,012 à 0^m,024 d'épaisseur ; elles se placent les unes à côté des autres, pl. X, fig. 71, *a* : c'est pour ce motif qu'il faut les tenir plus écartées que dans la méthode précédente. Les baguettes sont disposées en rangées dans les séchoirs.

Dans les contrées méridionales, dans l'Amérique du Sud, par exemple, on apporte moins de soins à la dessiccation des feuilles. Les pieds de tabac coupés avec les feuilles sont suspendus à des arbres ou à des perches, et leur dessiccation s'opère rapidement. Quelques planteurs ont essayé ce procédé dans le Palatinat, mais le succès n'a pas répondu à leur attente.

En Allemagne, on a cherché à déterminer auquel, des deux modes de mise à la pente que nous avons décrits, il faut donner la préférence.

D'après des essais faits en grand, on obtint les résultats suivants; l'avantage de la mise à la pente en suspendant les feuilles à des baguettes consiste principalement en ce que, par la taille de la côte, un grand nombre de cellules sont déchirées, et que, par l'écartement des deux parties de la nervure, la dessiccation s'opère plus rapidement.

Pour les feuilles mises en chapelets au moyen de ficelles, on trouve ordinairement la dessiccation du parenchyme complétement terminée au bout de trois à quatre semaines, mais la côte est encore verte, et ce n'est qu'après une suspension plus prolongée de trois à quatre semaines qu'elle sera entièrement desséchée. Dans la mise à la pente en baguettes, la côte et le parenchyme sèchent en même temps. Ce dernier procédé serait, certes, le meilleur, s'il ne présentait de nombreux désavantages : ainsi les feuilles de $0^m,45$ de long exigent deux fois plus de travail et de temps qu'en enfilant ces feuilles avec une ficelle ; et, quand elles sont plus petites, le travail est encore plus long, et quelquefois même impossible, quand les côtes sont trop minces pour pouvoir être fendues. D'après cela, cette méthode ne devrait être mise en pratique que pour les grandes feuilles présentant de très-grosses côtes.

2) SÉCHOIRS.

Dans les climats méridionaux où l'on peut compter sur

un beau temps continu après la cueille des feuilles, on n'a pas besoin de séchoirs particuliers, et le tabac donne un meilleur produit que dans nos séchoirs; mais plus on avance vers le nord, plus il faut apporter de soin à la dessiccation des feuilles : la cause en est uniquement à ce que le moment de la dessiccation arrive quand la saison déjà avancée commence à devenir humide, ce qui arrive naturellement vers le nord.

Dans la plupart des contrées où l'on cultive le tabac, on trouve diverses dispositions dans les séchoirs; la différence ne consiste cependant le plus souvent que dans la construction des parois; c'est là un point essentiel parce qu'elles changent selon le climat. Examinons d'abord les conditions générales d'un séchoir; puis les différentes espèces de parois et celles qui présentent l'utilité la plus générale.

Comme il a été dit, les feuilles de tabac renferment 90 pour 100 d'eau, dont une grande partie doit disparaître par la dessiccation; nous ne pouvons l'opérer que par le vent, les courants d'air, parce qu'en automne la chaleur n'a plus que peu d'influence. La dessiccation aux rayons de soleil s'opérerait certainement très-vite, mais sous leur action l'évaporation est trop active, les feuilles blanchissent et restent incolores.

Des feuilles séchées dans des serres perdirent, par l'influence augmentée des rayons solaires à travers le verre, leur couleur et conservèrent moins de poids que les feuilles séchées dans les séchoirs.

Bien qu'une lumière trop vive exerce une influence défavorable sur les feuilles, cependant pour leur donner une belle couleur brune il est nécessaire qu'elles n'en soient pas entièrement privées; on peut s'en convaincre dans les séchoirs qui ont trop de largeur, où les feuilles placées au jour prennent seules une couleur brune, tandis que les feuilles de l'intérieur conservent leur couleur verte par suite du défaut de lumière.

Voici ce qu'il y a à considérer pour le choix d'un emplacement convenable à la construction d'un séchoir :

> Absence d'humidité,
> Accès de l'air,
> Exposition des feuilles à la lumière,
> Abri contre les rayons solaires.

Ces conditions sont remplies en donnant au séchoir les dispositions suivantes :

a) EMPLACEMENT.

Le meilleur emplacement est celui qui est exposé aux vents du sud et du nord. Le séchoir ne doit pas être situé entre les maisons, à moins qu'il ne soit assez élevé pour qu'elles ne gênent pas la circulation de l'air. A cet effet, on doit choisir de préférence un endroit déjà un peu élevé.

b) SITUATION.

Le côté étroit du séchoir doit être placé dans la direction de l'ouest, parce que c'est de là qu'on a à redouter les pluies et les vents humides; du côté du nord et du sud, les vents secs pourront alors exercer leur influence sur les deux façades.

c) LARGEUR.

La largeur des séchoirs est déterminée d'après l'expérience, et se règle, en général, d'après l'écartement des chapelets; s'ils sont très-rapprochés, l'air et la lumière ne peuvent pénétrer aussi profondément que s'ils sont plus espacés. La largeur la plus avantageuse est 6^m,6, et, en admettant cette dimension, il faut remarquer que tout l'espace n'est pas entièrement occupé, mais qu'au milieu, de bas en haut, règne un couloir aux différents étages qui reste vide et qui doit avoir 0^m,90 de largeur. En défalquant encore de la largeur totale 0^m,50 pour l'écartement des deux côtés des parois, il restera encore 5^m,40 pour la suspension des chapelets, c'est-à-dire trois longueurs de chapelets de chaque côté du couloir.

d) LONGUEUR.

La longueur du séchoir dépend de l'importance de la culture, elle n'exerce aucune influence sur la dessiccation des feuilles, parce que dans l'arrangement intérieur du séchoir et la disposition des chapelets la direction du courant d'air n'est pas dans le sens de la longueur du séchoir.

e) HAUTEUR.

La hauteur du séchoir dépend de sa situation, selon qu'il est libre ou entouré de maisons. Dans le premier cas, on a déterminé les dimensions suivantes dans le Palatinat : le socle, 0^m,60; 2^m,40 d'espace libre dans lequel on ne suspend pas de feuilles, mais qui sert à préparer le tabac et à recevoir les feuilles vertes après la cueille; 5^m,40 jusqu'au toit, hauteur qu'on peut partager en six étages chacun de 0^m,90; enfin 3^m,60 pour la hauteur du toit. D'après ces dimensions, le séchoir aurait une hauteur de 12 mètres depuis le sol jusqu'au faîte.

f) TOIT.

On aime ordinairement à faire le toit très-élevé pour gagner plus d'espace et surtout parce que c'est dans cette partie du bâtiment qu'on peut obtenir le plus beau tabac; il est toujours nécessaire d'y établir des courants d'air, ce qui se fait au moyen de ventilateurs disposés le long de la toiture ou par des tuiles percées d'ouvertures. Il est indifférent que le toit soit couvert de tuiles ou de chaume, pourvu que les courants d'air soient bien établis dans la toiture.

g) **ARRANGEMENT INTÉRIEUR.**

Dans l'arrangement intérieur du séchoir il y a surtout à examiner la construction et la situation des membrures auxquelles on attache les chapelets ; il est nécessaire qu'elles soient dans un même plan dans toute la longueur du séchoir pour que l'air puisse circuler sans rencontrer d'obstacle. Les membrures étant disposées dans le sens de la longueur du séchoir, les chapelets sont suspendus en largeur ; le vent sera donc obligé de suivre le chemin le plus court et de circuler entre les chapelets.

h) **AUTRES LOCAUX SERVANT A LA DESSICCATION.**

La plupart des cultivateurs sèchent le tabac dans leurs greniers et leurs granges ; ces locaux sont très-souvent mal disposés, manquant d'air et de lumière, surtout dans les granges, où les tabacs sont, en outre, exposés à la poussière : ainsi il arrive fréquemment que les tabacs placés dans ces locaux sèchent trop vite quand la chaleur est intense, et trop lentement lorsqu'il règne un temps pluvieux et brumeux.

La seule amélioration possible, c'est d'établir des courants d'air en soulevant quelques tuiles avec des bûchettes ou de faire établir des lucarnes qui, en procurant plus d'air et de clarté, contribuent à améliorer le système de ventilation.

Un séchoir très-économique, à l'usage des petits planteurs, consiste dans un léger échafaudage de perches recouvert d'un toit de chaume ; on adosse toute la construction contre la maison, et on recouvre également de chaume le côté exposé au midi.

i) **ESPACE NÉCESSAIRE A LA DESSICCATION.**

L'espace nécessaire à une certaine quantité de feuilles

vertes varie selon leur grandeur (épaisseur de la côte) et dépend de la largeur du séchoir et du temps.

D'après quelques expériences faites dans le Palatinat, on a trouvé, en moyenne, $15^{m\cdot c\cdot},500$ à $16^{m\cdot c\cdot},200$ pour autant de feuilles vertes qu'il en faut de sèches pour 50 kilogrammes. Par une température favorable on peut, sans danger, rapprocher les chapelets au bout de quatre à cinq jours.

3) MISE A LA PENTE AU SÉCHOIR.

Dans le Palatinat on a l'habitude de plier les chapelets par le milieu, d'en réunir dix à douze en bottes pour les porter plus facilement au séchoir. Là on a pris une disposition fort avantageuse : au moyen d'une poulie adaptée à la toiture on monte les chapelets liés en bottes dans les parties supérieures du séchoir sans endommager les feuilles ; mais ce procédé ne doit être suivi qu'avec une légère modification, et surtout il ne faudrait pas faire directement usage du crochet en fer qui se trouve ordinairement à l'extrémité de la corde enroulée autour de la poulie et qui, introduit dans le lien entourant les chapelets, endommagerait les feuilles exposées, en outre, à se heurter contre les parois, les poutres, et contre tous les obstacles qui se trouveraient sur leur passage. Pour obvier à cet inconvénient on prend une planchette de $0^{m\cdot c\cdot},20$, aux quatre coins de laquelle on adapte de petites cordes auxquelles on attache le crochet de la grosse corde : deux de ces petites cordes doivent pouvoir être détachées à volonté ; grâce à cette précaution, les chapelets peuvent être posés sur la planchette, montés au séchoir et déchargés sans la moindre difficulté. Les ouvriers qui se trouvent dans le séchoir posent des planches sur les traverses ; on y dépose les chapelets qu'on sépare et qu'on remet un à un à la personne chargée de les suspendre.

Comme la cueille des feuilles, la mise en chapelets et la mise à la pente durent souvent quatre semaines, on prend toujours la précaution de suspendre les premiers chapelets au milieu du séchoir, pour que le contact continuel du courant d'air fane rapidement les feuilles, ce qui ne se fait plus si facilement quand les côtés extérieurs sont garnis de feuilles.

En suspendant les chapelets on doit avoir soin de ne pas encombrer le séchoir de manière à boucher toutes les ouvertures tant du toit que des parois, parce qu'un seul chapelet suspendu parallèlement à la paroi priverait tous les autres du courant d'air.

4) SOINS A DONNER AU TABAC DANS LE SÉCHOIR.

Après avoir suspendu les feuilles au séchoir, il faut les visiter souvent les premiers jours, pour remettre en place les chapelets qui se seraient détachés; ce qui arrive, même en prenant les plus grandes précautions. Le couloir qui se trouve au milieu sera très-utile en cette circonstance.

La manière de se servir d'un séchoir à parois mobiles consiste tout simplement à ouvrir les volets quand il y a du vent et à les tenir fermés pendant les épais brouillards, les vents violents et les pluies (sans vent); en outre, quand les volets sont ouverts, il faut avoir soin de faire en sorte que les feuilles soient à l'abri des rayons de soleil.

De plus, le planteur doit visiter de temps en temps les tabacs, afin de s'assurer que l'air circule facilement; voir comment la dessiccation s'opère dans les feuilles, examiner s'il n'est pas nécessaire de les écarter davantage dans quelques parties.

Lorsque les tabacs ont été, pendant quinze jours ou trois semaines, dans les séchoirs, les feuilles de l'extrémité des chapelets ont pris ordinairement de la couleur, et les chapelets doivent être déplacés pour leur faire prendre une nuance uniforme; c'est-à-dire que la partie des chapelets qui se trouve dans l'intérieur du séchoir ou sur le côté le moins bien exposé doit être rangée vers le côté extérieur, qui jouit de la meilleure exposition.

Les distances en hauteur et en largeur entre les chapelets doivent être assez grandes pour que les pointes des feuilles de la rangée supérieure ne se trouvent pas en contact avec les caboches de celles de la rangée inférieure, et que les bords des feuilles de deux chapelets voisins ne se touchent pas.

Les séchoirs modèle n° 1 doivent être pourvus de paillassons sur les côtés les plus exposés aux intempéries de l'atmosphère. Au moyen de ces paillassons peu coûteux, il est facile de préserver les tabacs des atteintes des pluies et des brouillards qui noircissent les feuilles et de celles des vents qui les déchirent.

Par un temps humide continu, il arrive souvent que les feuilles commencent à pourrir ou, comme on dit, sont brûlées à la pente. On prend alors souvent le parti d'enlever les planches des parois pour augmenter les courants d'air, même au risque d'exposer à la pluie les chapelets les plus extérieurs. Ce qu'il y a de plus contraire à la dessiccation du tabac dans les séchoirs, c'est un temps calme, humide et chaud; un air humide, mais agité, exerce toujours une influence plus avantageuse.

5) MALADIES DES FEUILLES.

On distingue ordinairement deux sortes de maladies auxquelles les feuilles sont sujettes dans les séchoirs, *la pourriture sèche* et *la pourriture humide*; maladies qui ne se développent que lorsqu'un principe acide (air), la chaleur et l'humidité réagissent sur les feuilles; les deux premières conditions sont le plus souvent remplies, la dernière se manifestera si le séchoir est mal construit et par un temps humide de longue durée.

On désigne sous le nom de *pourriture humide* celle qui s'opère aux dépens de l'humidité de la feuille, immédiatement après la mise à la pente au séchoir; les cellules de la feuille se ramollissent, les pétioles deviennent mous et s'accolent là où ils se touchent; les feuilles s'échappent des chapelets, la ficelle se détériore et les chapelets se brisent.

La *pourriture sèche* ne se déclare que lorsque les feuilles, n'étant plus vertes, mais brunes, ont perdu toute l'humidité contenue dans leurs cellules; par un temps chaud et humide ces feuilles déjà sèches entrent en décomposition et deviennent si cassantes, qu'il suffit d'une légère pression de la main pour les réduire en petits morceaux.

Il est digne de remarque que, dans ces deux sortes de pourriture, des feuilles isolées peuvent en être attaquées sans que la contagion leur ait été communiquée au contact.

La manière de remédier à ces maladies a été indiquée page 96. Le meilleur moyen d'interrompre la pourriture, c'est de sortir du séchoir les feuilles qui en sont attaquées et de les suspendre dans des endroits très-aérés, en plein air; une fois séchées, on doit bien se garder de mettre ces chapelets entre les feuilles saines.

C'est encore ici le lieu de parler d'une maladie qui n'acquiert que rarement un caractère assez sérieux pour la faire craindre, c'est la *moisissure des côtes*. Quand les feuilles sont presque sèches, il se forme ordinairement de petits champignons qu'on enlève facilement par un léger battage.

6) DESCENTE DES FEUILLES DE LA PENTE.

Le moment d'ôter les feuilles de la pente est très-important, mais difficile à déterminer, et cependant la qualité du tabac en dépend.

Nous avons à combattre deux causes d'humidité dans les feuilles, l'eau végétale qu'elles contiennent dans leurs cellules et celle qui provient de l'humidité de l'air. Au moment de descendre les feuilles de la pente, la première doit avoir entièrement disparu, ce qu'on reconnaît facilement à la nervure médiane, quand, au lieu d'être verte et remplie de suc, elle est devenue brune et sèche, et qu'en la repliant aucune trace d'humidité n'apparaît à la partie comprimée. L'humidité de l'air que les feuilles absorbent et exhalent très-facilement est celle qui mérite principalement d'être prise en considération dans cette circonstance; cette détermination présente de grandes difficultés.

L'humidité de l'air absorbée par les feuilles privées de leur eau de végétation varie entre 0 et 50 pour 100; elles doivent contenir, au moment où on les descend de la pente, 12 pour 100 d'eau; un moindre degré d'humidité a pour suite la brisure des feuilles trop sèches; il en résulterait un grand déchet dans les différentes main-d'œuvre auxquelles on soumet ensuite ces feuilles : il n'est pas prudent non plus de les ôter de la pente quand elles contiennent plus de 12 pour 100 d'eau, parce qu'elles entreraient trop rapidement en fermentation, et on aurait même à craindre la pourriture.

Un indice certain auquel les planteurs reconnaissent que le moment est venu de dépendre leurs tabacs est celui-ci : la feuille pelotée dans la main doit avoir assez d'élasticité pour reprendre sa première forme; si la feuille est trop humide, elle restera en pelote. Le planteur inexpérimenté peut encore s'aider du moyen suivant : c'est de prendre un chapelet, de le peser, puis de le sécher complétement à la chaleur d'un fourneau, et de calculer le degré d'humidité d'après la déperdition de poids.

La descente de la pente des feuilles ne se règle pas seulement sur leur degré d'humidité, mais encore sur leur couleur, qui change même dans celles qui sont sèches par une plus longue suspension. On a déjà souvent remarqué que des feuilles suspendues dans un séchoir ont complétement séché au bout de trois semaines d'un temps très-favorable en conservant leur couleur verte (en ne considérant que le degré d'humidité on aurait pu les descendre de la pente, mais non par rapport à leur couleur). Peu de temps après, ces feuilles sèches devinrent, selon les variations de l'humidité de l'air, tantôt humides, tantôt sèches, et seulement alors leur couleur verte se transforma en belle couleur brune; trois semaines après, la coloration des feuilles permettait de les dépendre, mais il fallut de nouveau attendre le degré d'humidité nécessaire.

Le grand avantage des séchoirs qu'on peut fermer à volonté consiste encore en ce qu'au moment où l'on ôte les feuilles de la pente elles sont moins exposées à l'air extérieur, ce qui est très-important à cause de la facilité avec laquelle elles changent leur degré d'humidité : c'est ainsi qu'on est fréquemment obligé d'interrompre ce travail dans les séchoirs qu'on ne peut fermer, quand le vent, la pluie, les brouillards surviennent ; tandis que dans les séchoirs à volets mobiles on ferme toutes les ouvertures, et l'on continue le travail sans interruption. Dans l'arrière-saison, il est si rare de trouver un temps favorable pour descendre les tabacs de la pente, qu'il faut déployer la plus grande activité pour profiter du bon moment.

Voici la manière de procéder à ce travail. Les ouvriers sortent les chapelets des lacets ; on les lie ensemble et on les descend avec précaution dans la partie inférieure du séchoir, où d'autres ouvriers prennent chaque chapelet par ses deux extrémités, le plient en deux, lissent les feuilles et les mettent en ordre en tenant le chapelet sur la poitrine. Après cela, on les met avec précaution en bancs de $0^m,60$ de haut, c'est-à-dire qu'on place les chapelets les uns sur les autres de manière que les extrémités des pétioles forment une paroi verticale ; on les presse avec des planches chargées de pierres ; on les laisse ainsi pendant deux jours, au bout desquels la hauteur primitive de la couche se trouve réduite de moitié ; on enlève alors les pierres et on lie les feuilles en manoques et on les conserve de la manière indiquée page 105.

Telle est la méthode suivie dans le Palatinat.

7) PRÉPARATION DES FEUILLES DE TERRE.

La livraison des feuilles de terre précédant celle des grands tabacs, nous traiterons séparément chaque série d'opérations que nécessite leur préparation.

Quand la dessiccation des feuilles de terre est achevée et que le temps de la préparation n'est pas encore arrivé, on réunit plusieurs chapelets en *touffes* dont on forme ensuite des *masses*, et on les suspend dans une chambre ou dans un autre local bien sec, en ayant soin d'intercaler des liens de paille si l'on craignait que les feuilles continssent encore trop d'humidité; on les laisse ainsi, en ayant soin de les visiter de temps en temps, jusqu'au moment de la préparation.

TRIAGE.

La règle générale qui doit être suivie est la séparation en deux ou trois classes établies par *longueur, nuance et qualité*.

La première classe comprendra toutes les feuilles saines, colorées et d'une bonne longueur.

La seconde sera composée de petites feuilles encore saines, de nuance verdâtre, ou qui auraient souffert sans cependant être impropres à la fabrication.

Enfin une troisième classe comprendra toutes les feuilles avariées, soit qu'elles aient séché sur pied, soit qu'elles se soient gâtées à la pente.

MANOQUAGE.

Les manoques sont composées de vingt-cinq feuilles, y compris la feuille de lien (voir page 103).

BOTTELAGE.

Les bottes sont confectionnées avec dix manoques placées sur deux rangées de cinq (voir page 104).

8) SECONDE DESSICCATION DES GRANDS TABACS.

Lorsque la première dessiccation est achevée, les tabacs sont ordinairement placés dans les greniers, où réunis en touffes dans les séchoirs; mais, comme, en général, ils ne forment pas une masse serrée et compacte, ils sont exposés à subir l'influence des variations de la température. Là ils perdent assez souvent leur couleur, leur onctuosité et une partie de leur poids : et il arrive presque toujours qu'ils sont ou trop humides ou trop secs au moment de la préparation : dans ce dernier cas, les planteurs ont recours à l'eau; le tort qu'ils font ainsi à la qualité de leurs tabacs devient plus ou moins grave, suivant la mesure dans laquelle ils l'emploient. Il n'existe qu'un seul moyen d'éviter cet inconvénient, c'est de les déposer, immédiatement après que la première dessiccation est achevée, en masses serrées et dans des locaux bien fermés.

9) PRÉPARATION DES GRANDS TABACS.

Les tabacs d'Alsace sont généralement peu corsés et contiennent peu de parties huileuses; aussi subissent-ils facilement les influences atmosphériques et sont-ils souvent trop secs au moment de la préparation, surtout s'ils n'ont pas été formés en masses compactes.

Comme nous l'avons dit, les planteurs ont alors recours à l'eau, dont l'emploi est toujours pernicieux à cause de la fermentation qui en résulte et qui tourne au détriment de la qualité de la feuille et en rend difficile et coûteuse la dessiccation définitive dans les magasins.

L'inconvénient d'une trop grande sécheresse peut être combattu avec succès par la mise en bancs des tabacs faite quelque temps avant la préparation. Les bancs établis dans des locaux fermés, à l'abri de l'humidité, et dans de convenables dimensions avec des tabacs qui n'ont reçu aucune humidité artificielle, n'offrent point de danger pour la parfaite conservation des matières et les maintiennent daus un état de souplesse nécessaire.

Par cette méthode la préparation des tabacs pouvant se faire sans inconvénient d'avancer l'époque ordinaire, plus de soins pourront être donnés au triage, et si, après le manoquage, ils continuent à être soumis au même traitement, ils seront présentés à la livraison dans un bon état de conservation.

TRIAGE.

Le triage repose sur trois bases fondamentales, qui sont *la longueur*, la *couleur* et la *qualité*.

La qualité se compose de trois sortes :

1) Les feuilles entièrement saines.

2) Les feuilles qui présentent quelques traces d'avarie ou quelque défectuosité, mais qui sont néanmoins reconnues propres à la fabrication.

Dans cette classe sont aussi comprises, mais présentées séparément, les feuilles venues en bas des plantes qui ont moins d'onctuosité et de consistance.

5) Les feuilles complétement avariées.

Le nombre de subdivisions à former par longueurs ne saurait être prescrit d'avance, les feuilles de toutes les récoltes n'ayant pas la même dimension ; mais il est nécessaire que les feuilles d'une même manoque et de même classe aient une égale longueur ou du moins qu'il n'existe entre elles qu'une légère différence.

La couleur se divise en trois nuances, *jaune, brune, verte.*

La nuance jaune est celle qui est préférée parce qu'elle est le signe caractéristique d'un tabac mûr, bien séché et d'un tissu fin.

Cette nuance est tantôt jaune clair, tantôt d'un jaune

brun tirant sur le rouge (*jaune roux*). Les feuilles appelées communément brunes sont, à l'intérieur, jaunâtres et, à l'extérieur, d'un brun tirant quelque peu sur le vert. Cette nuance provient ordinairement d'une maturité qui, bien que suffisante, n'est cependant pas complète, ou quelquefois aussi d'une température peu favorable pendant la dessiccation, d'une mauvaise exposition du séchoir ou de certains engrais employés pour amender les terres. Ces tabacs ne manquent ordinairement pas de qualité et doivent suivre immédiatement les tabacs jaunes.

Il n'y a que les tabacs sans maturité ou séchés trop subitement qui restent verts. Ils ont peu de qualité, et ne peuvent être rangés que dans les non marchands.

On ne peut fixer le nombre de classes entre lesquelles les feuilles de chaque récolte doivent être divisées, l'expérience est le meilleur guide dans cette opération ; mais il est rare qu'une récolte présente à la fois les trois nuances et exige en même temps une séparation de plus de quatre divisions en *longueurs* : ce qui se reconnaîtra toujours, c'est la nécessité de distinguer les tabacs sains de ceux qui ne le sont pas.

MANOQUAGE.

Le manoquage suit le triage. Cette opération est fort simple, puisqu'il ne s'agit que de réunir les feuilles par poignées ; son exécution demande cependant quelques soins : ainsi il faut que les manoques soient régulièrement composées de vingt-cinq feuilles, que les caboches soient bien égalisées et le lien bien placé à une certaine distance des caboches ; cette distance est de $0^m,06$ pour les tabacs marchands et de $0^m,04$ au moins pour les non marchands. Ces deux dernières observations sont essentielles à cause de *l'écabochage* auquel sont soumis les tabacs après la réception ; si le lien était placé trop près de la caboche, il serait coupé ; et la manoque s'ouvrirait. La feuille servant de lien devra être de même qualité que le restant de la manoque, car l'emploi d'une feuille de qualité inférieure aurait pour résultat d'introduire 4 pour 100 d'une classe inférieure dans une classe supérieure. Elle sera roulée sur elle-même autant qu'il sera nécessaire et ne devra avoir, ainsi roulée, que 0^m,02 de largeur; un lien plus large ôte de l'apparence à la manoque et nuit à la dessiccation.

Toutes les parties ligneuses de la tige doivent être enlevées des feuilles.

BOTTELAGE.

Après le manoquage vient le bottelage; cette opération doit être différée et n'avoir lieu que peu de jours avant la livraison.

Les tabacs une fois manoqués seront, en attendant, disposés en bancs ouverts et peu élevés, ou en bancs fermés et plus haut, suivant qu'ils sont humides ou secs, et suivant l'état de la température.

C'est aussi dans ce moment que les planteurs doivent faire disparaître la moisissure, si leurs tabacs en ont été attaqués pendant qu'ils étaient à la pente, en battant et en secouant les manoques les unes contre les autres; cette opération les débarrassera en même temps de la poussière et leur donnera meilleure apparence : on doit bien se garder de se servir de brosses, dont l'emploi est toujours funeste aux feuilles en déchirant leur parenchyme ou en les tachetant.

Les bottes sont composées de dix manoques placées sur deux rangées de cinq chacune.

Avant le bottelage on ne doit pas comprimer les feuilles des manoques ni trop serrer les liens des bottes. Cette compression des feuilles les froisse et leur donne une adhérence nuisible, et le lien, s'il est trop serré, coupe les feuilles placées extérieurement. Il suffit, pour donner à la botte une forme convenable, que le planteur place les manoques les unes à côté des autres et qu'il appuie légèrement dessus lorsque chacune des deux rangées est complète.

10) CONSERVATION DU TABAC.

Pour conserver les tabacs manoqués on les place dans un local sec qu'on aura soin d'aérer, soit dans une chambre, soit au grenier, en *bancs* d'une largeur de deux manoques placées bout à bout, de manière que les pointes des feuilles se recouvrent; les bancs doivent être séparés les uns des autres de $0^m,45$. Il est nécessaire de visiter souvent les tabacs pour voir si, malgré ces précautions, il n'y a pas de commencement de fermentation; de temps en temps on retourne les bancs.

CHAPITRE IV.

Pour la culture de toute plante il faut une semence mûre
et sans défaut, non-seulement à cause de la faculté germinatrice, mais encore à cause des dégénérescences se produisant fréquamment dans les plantes exotiques cultivées dans
nos contrées, et qui proviennent ordinairement d'une semence qui n'a pas atteint toute sa maturité. Nous devons
combattre cette tendance par tous les moyens qui sont en
notre pouvoir. En plein champ le tabac ne produit des
graines complétement mûres que très-rarement; c'est donc
un mauvais procédé que de ne pas écimer quelques plantes
pour en avoir de la graine, puisqu'elle n'atteint presque
jamais toute sa perfection. On doit apporter un soin d'autant
plus grand à la production d'une bonne qualité de semence,
qu'il ne faut qu'un petit nombre de plantes pour produire
la quantité dont on a besoin, une seule plante en produisant suffisamment pour 56 ares.

Possède-t-on une espèce de tabac bien déterminée et dont
on est sûr de la qualité, on en sème sur couche ou dans des
terrines qu'on place dans une chambre; on prend le plus
grand soin des jeunes plantes et on les transplante, aussitôt
que possible, dans l'endroit le plus chaud et le mieux abrité
du jardin, dans un sol suffisamment fumé. Si l'on cultivait
plusieurs espèces, il faudrait les espacer d'au moins 6 mètres, à cause de la grande facilité avec laquelle les espèces
s'abâtardissent.

En recouvrant les plants, dans les premiers jours, avec des terrines on les préservera de toute gelée.

De même qu'on enlève les boutons à fleur du tabac pour donner plus de développement aux feuilles, de même aussi on donne un plus grand développement aux fleurs supérieures en enlevant les branches florifères inférieures ; d'ordinaire on ne conserve que les quatre à six rameaux floraux supérieurs. Il faut bien se garder d'enlever une partie des feuilles, parce qu'elles doivent donner à la plante la nourriture qu'elle tire de l'air et qu'elles servent à l'élaboration des sucs ; cependant on pourrait les enlever si elles venaient à jaunir ; en les conservant sur la tige elles gardent leur fraîche couleur verte jusqu'à l'époque de la maturité de la semence, les feuilles basses seules jaunissent avant ce temps.

Quand la semence est mûre, on coupe les capsules qui la renferment avec une partie de la tige, et on les suspend au grenier ; les graines sont extraites des capsules en les frottant entre les deux mains ou en les battant ; on s'est même servi du fléau pour extraire les graines des capsules sans le moindre dommage. Ordinairement le planteur laisse les graines dans les capsules jusqu'au moment des semailles ; pendant ce temps la semence doit être préservée avec soin de l'humidité, qui engendre la moisissure et en provoque le dépérissement.

TABLE DES MATIÈRES.

PREMIÈRE PARTIE.

CHAPITRE PREMIER.

CHAPITRE II.

CHAPITRE III.

CHAPITRE IV.

CHAPITRE V.

CHAPITRE VI.

SECONDE PARTIE.

CHAPITRE PREMIER.

CHAPITRE II.

CULTURE DU TABAC DANS LES CHAMPS.

CHAPITRE III.

DESSICCATION.

CHAPITRE IV.

PARIS. — IMPR. DE Mme Ve BOUCHARD-HUZARD, RUE DE L'ÉPERON, 5.

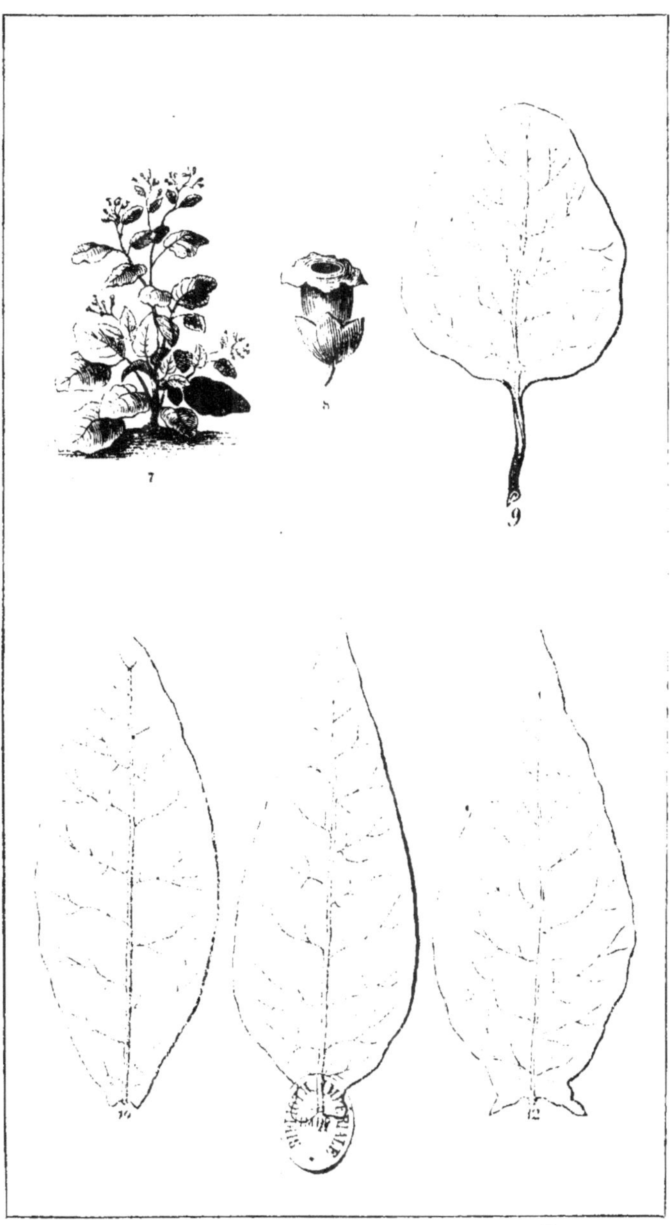

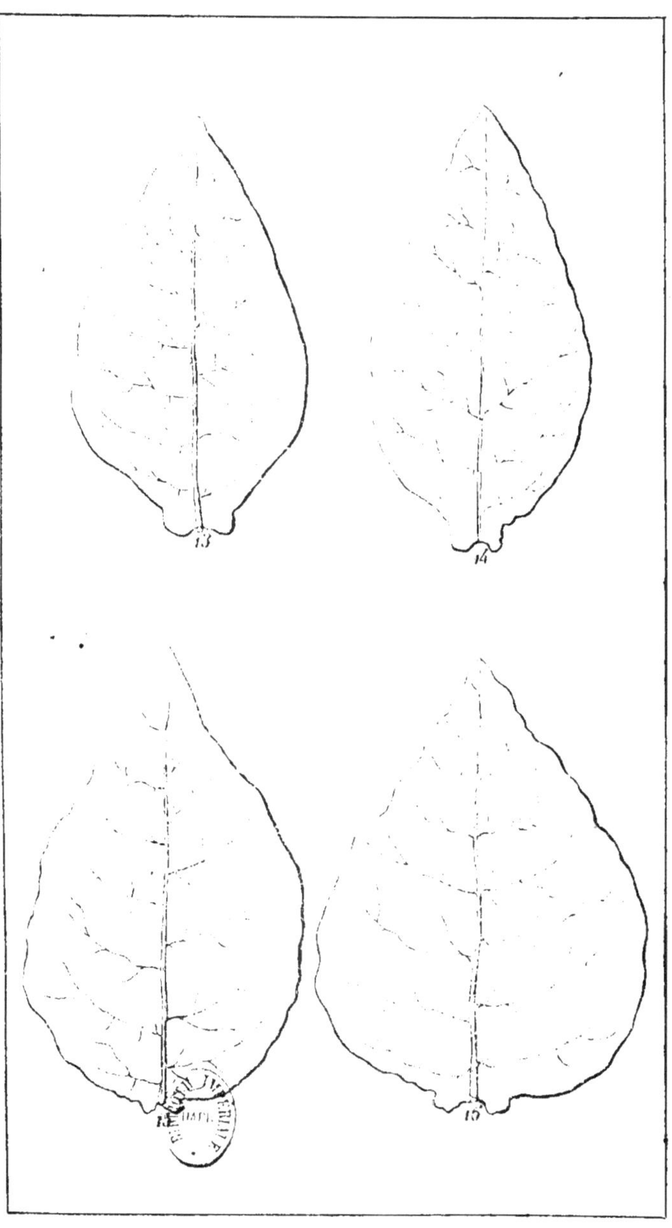

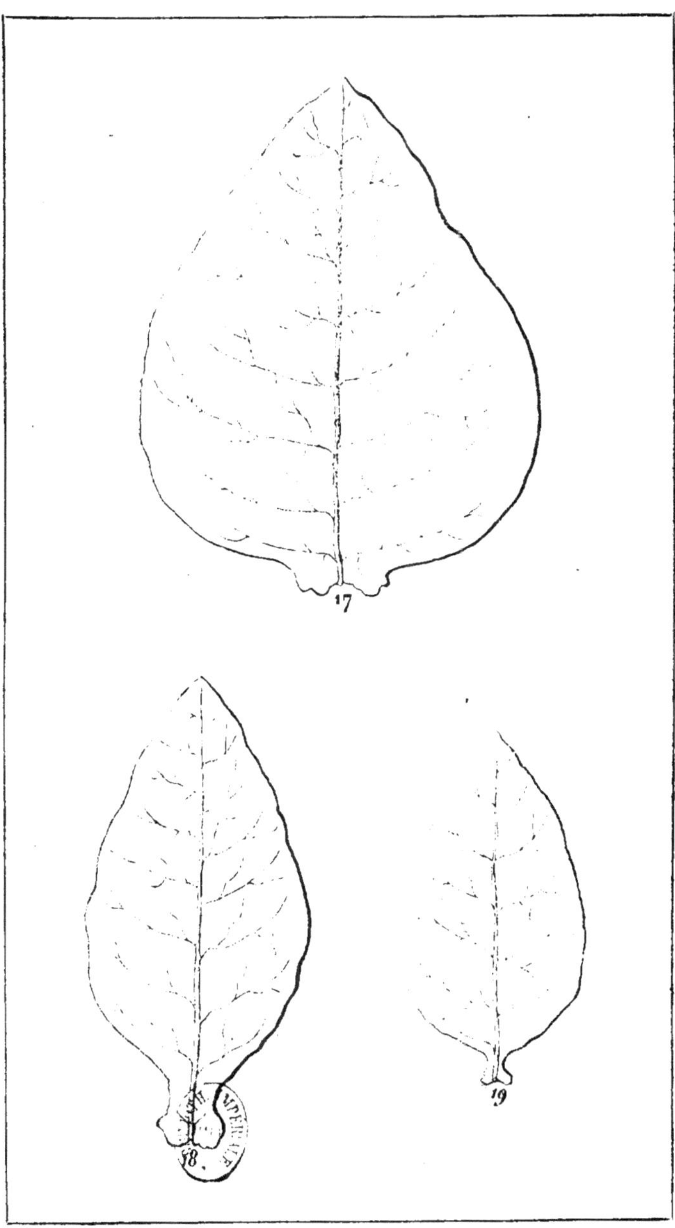

17
18.
19

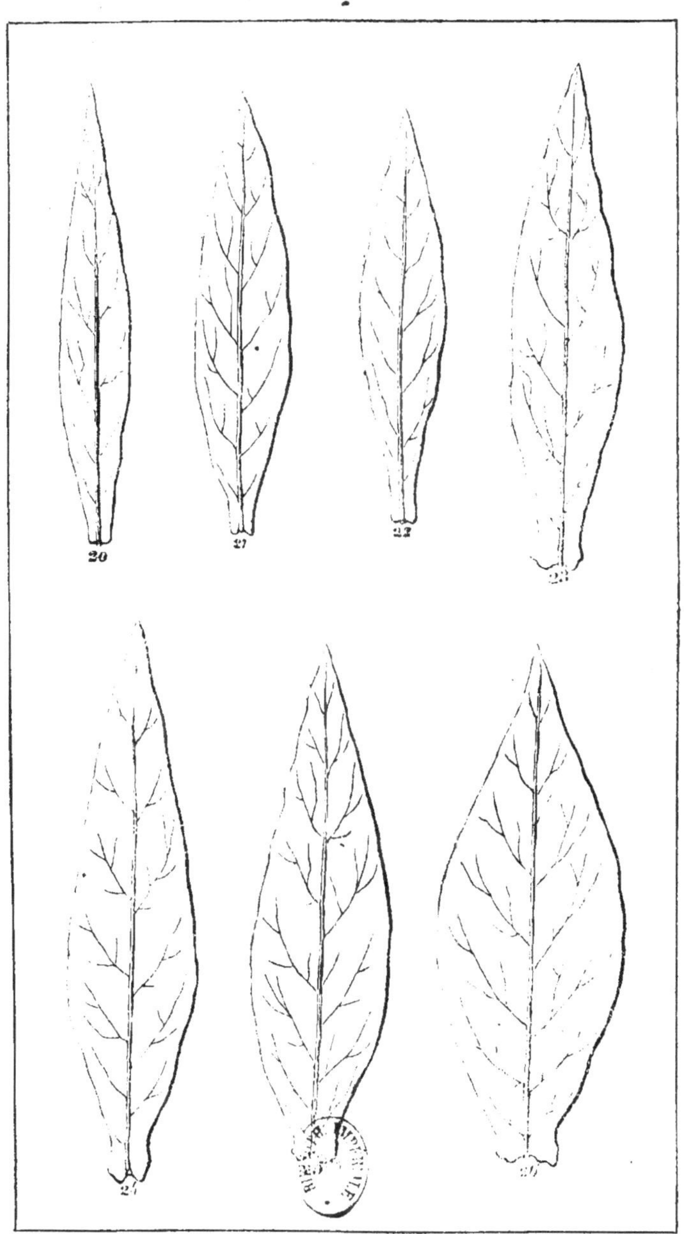

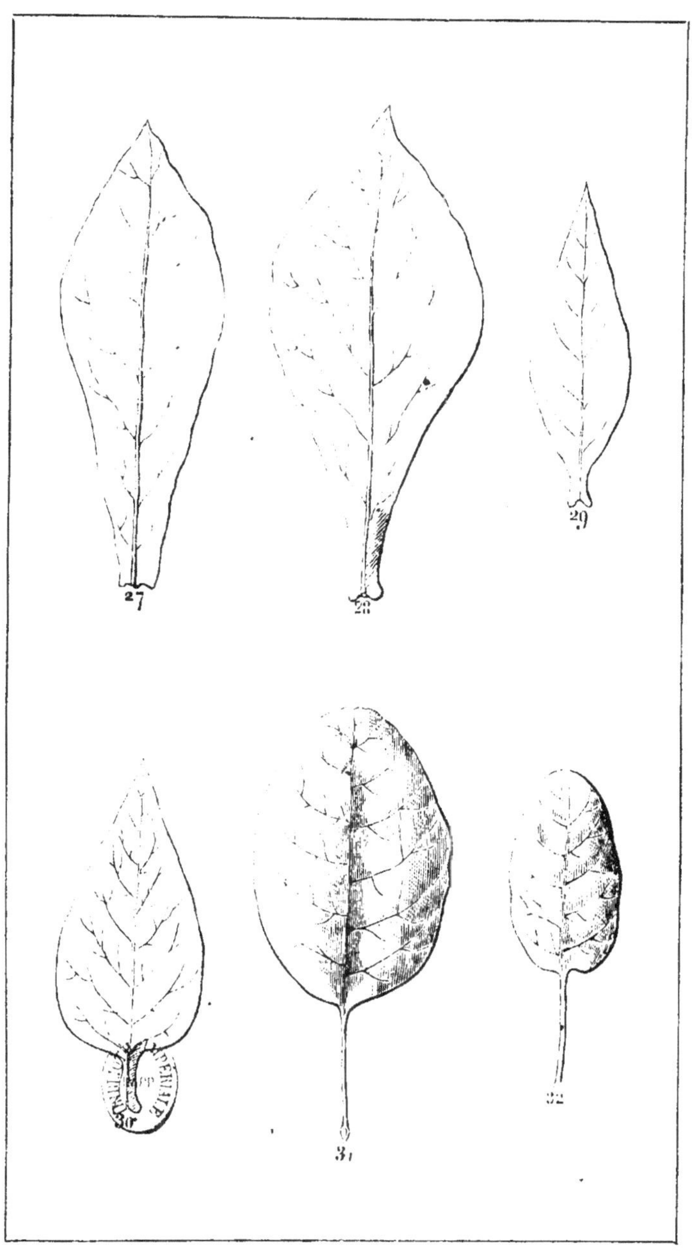

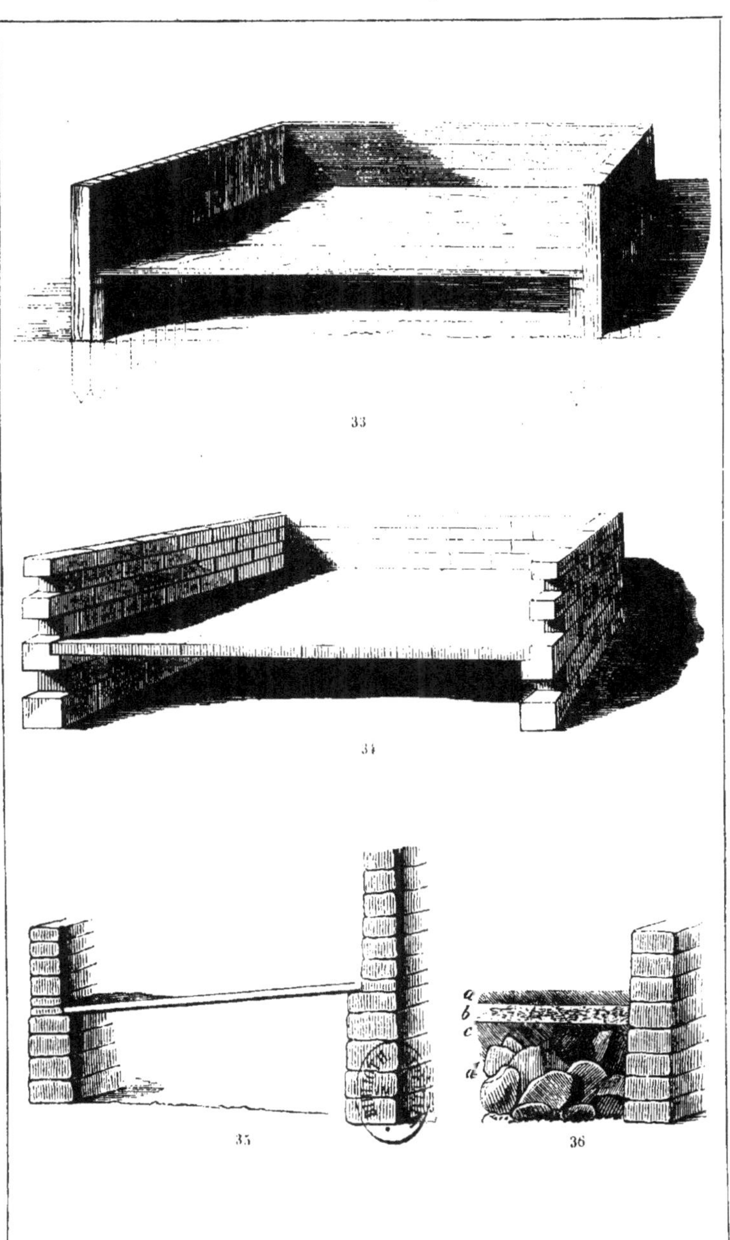

33

34

35

36

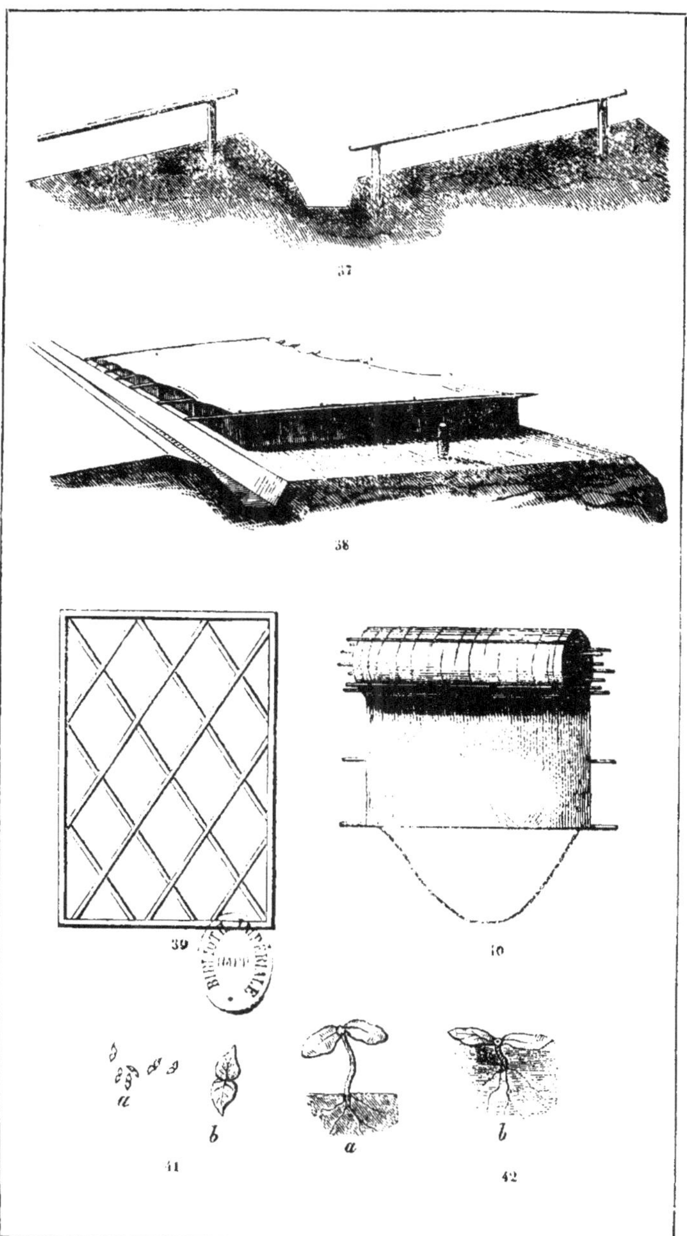

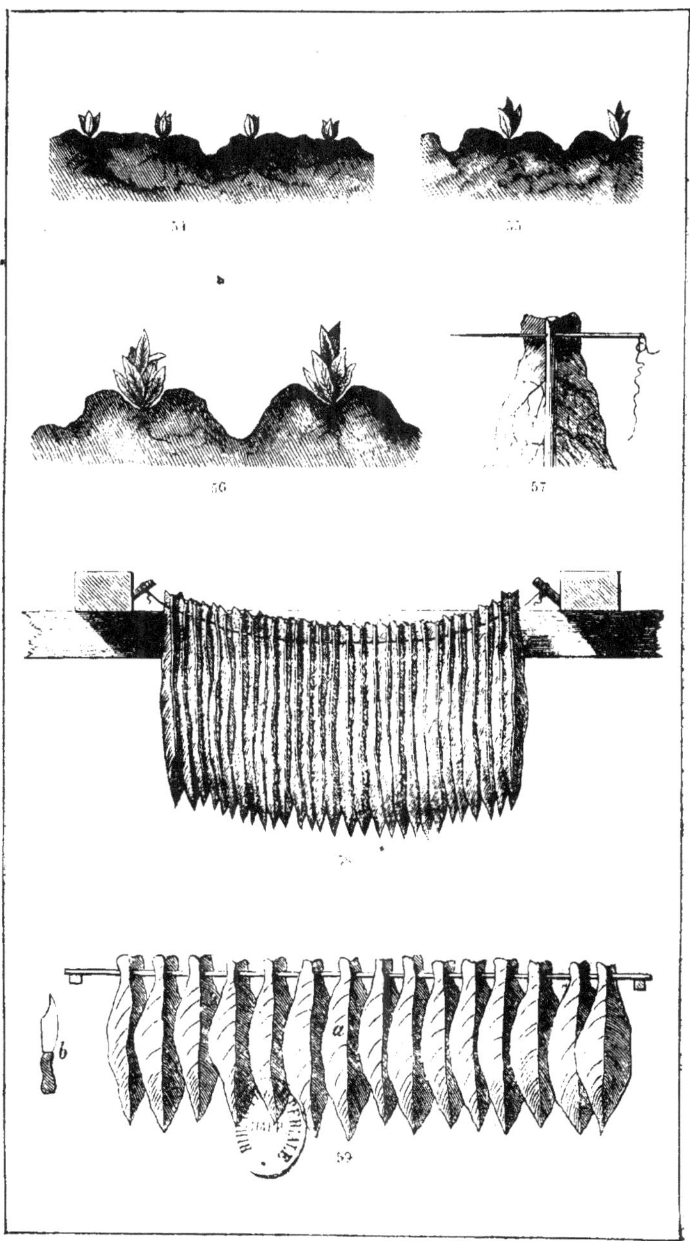

OUVRAGES

QUI SE TROUVENT

A LA LIBRAIRIE DE Mme Ve BOUCHARD-HUZARD

RUE DE L'ÉPERON, 5.

ÉLÉMENTS D'AGRICULTURE PRATIQUE, par David Low. 2 vol. in-8°, figures. . .	12 »
ART DE S'ENRICHIR PAR L'AGRICULTURE, par H. Pellault. 2ᵉ édit., 1 vol. in-12, fig.	3 50
CATÉCHISME DU CULTIVATEUR, par Royer. In-12.	1 25
CODE RURAL, par Malpeyre. 1 vol. in-12.	3 »
CHIMIE APPLIQUÉE A L'AGRICULTURE, par Chaptal. 2 vol. in-8°	10 »
ANNALES AGRONOMIQUES DE GRIGNON, 27 livraisons, in-8°	43 »
CONSIDÉRATIONS SUR L'ÉCONOMIE ET LA PRATIQUE DE L'AGRICULTURE, par Mahul.	3 50
AGRICULTURE DE LA FLANDRE FRANÇAISE, par Cordier. 1 vol. in-8° et atlas in-fol.	12 »
INSTRUMENTS AGRICOLES, machines, outils, etc., par Londet. In-8°, fig.	7 50
COURS DE CULTURE, par André Thouin. 3 vol. in-8° et atlas.	18 »
PRÉCEPTES D'AGRICULTURE DE SCHWERZ, trad. par M. de Schauenburg et Laverrière. 4 vol. in-8°, 19 fr. — Séparément : 1° *Connaissance des terres et engrais*, 5 fr.; —2° *Plantes à grains farineux*, 6 fr.; — 3° *Plantes fourragères*, 5 fr.; — 4° *Plantes économiques*, 3 fr. 50.	
— ASSOLEMENTS et culture des plantes de l'Alsace, trad. par V. Rendu. . .	3 »
THÉÂTRE D'AGRICULTURE ET MESNAGE DES CHAMPS, par Olivier de Serres. 2 gros vol. in-4° publiés par la Société d'agriculture de Paris.	25 »
TRAITÉ DES CONSTRUCTIONS RURALES, par L. Bouchard. 2 vol. gr. in-8°. 150 pl.	25 »
TRAITÉ DES AMENDEMENTS ET DES ENGRAIS, par Martin. In-8°	5 »
TRAITÉ DES PRAIRIES NATURELLES ET ARTIFICIELLES, par Boitard. In-8°, fig. . .	10 »
TRAITÉ GÉNÉRAL DE L'IRRIGATION, par Tatham. 1 vol. in-8°, figures.	5 »
TRAITÉ DE LA CULTURE DES POMMES DE TERRE et de leur conservation, par May.	1 50
TRAITÉ DE LA CULTURE DES FORÊTS, par Noirot. 1 vol. in-8.	6 »
TRAITÉ PRATIQUE DE LA CULTURE DES PINS, par Delamarre. 1 vol. in-8°. . . .	6 »
MANUEL DE LA CULTURE MARAICHÈRE de Paris, par Moreau et Daverne. In-8°..	5 »
RÉCOLTE, CONSERVATION ET SEMIS DES GRAINES, par Joubert. 1 vol. in-8° . . .	5 »
TRAITÉ COMPLET DES FRUITS, par Couverchel. 1 gros vol. in-8°.	7 50
PLANS DES JARDINS anglais et autres, par Thouin. 3ᵉ édit., in-folio, 58 planches.	40 »
ART DE FAIRE LE VIN, par Chaptal. 1 vol. in-8°.	6 »
ART DU BRASSEUR, par Kolb. 1 vol. in-12	2 50
TRAITÉ DE LA CULTURE DE LA VIGNE ET DE LA VINIFICATION, par Lenoir. 1 gros vol.	7 50
ANATOMIE VÉTÉRINAIRE, par Bourgelat. 2 vol. in-8°.	6 »
COURS D'HIPPIATRIQUE, par Valois. 1 vol. in-12.	2 50
GARANTIE ET VICES RÉDHIBITOIRES, par Huzard. 1 vol. in-12.	3 50
TRAITÉ D'ANATOMIE VÉTÉRINAIRE, par Girard. 2 vol. in-8°.	12 »
MANUEL DE LA FILLE DE BASSE-COUR, par Malézieux. 1 vol. in-12, 38 planches. .	3 »
ART DE FAIRE LE BEURRE ET LES MEILLEURS FROMAGES. 1 vol. in-8°, fig.	4 50
MANUEL DU BOUVIER, par Robinet. 2 vol. in-12.	6 »
ZOOTECHNIE.—TRAITÉ DES MANIEMENTS, par Bardonnet des Martels. In-12, pl. . .	4 50
TRAITÉ DES BÊTES A LAINE, par Martin. 1 gros vol. in-8°.	6 »
TRAITÉ SUR LE GOUVERNEMENT DES ABEILLES, par Desormes. 1 vol. in-18, fig.	2 50
TRAITÉ DE L'ÉDUCATION DES VERS A SOIE, par Bonafous. 1 vol. in-8, figures. . .	7 »

Et tous les autres ouvrages publiés sur l'agriculture. Le catalogue est envoyé à toute personne qui en fait la demande.